独ソ戦車戦シリーズ
16

冬戦争の戦車戦

第一次ソ連・フィンランド戦争
1939-1940

著者
マクシム・コロミーエツ
Максим КОЛОМИЕЦ

翻訳
小松德仁
Norihito KOMATSU

監修
梅本 弘
Hiroshi UMEMOTO

ТАНКИ
В ЗИМНЕЙ ВОЙНЕ
1939-1940

大日本絵画
dainipponkaiga

目次　contents

- 4　序文
- 5　**第1部**
  冬戦争勃発の経緯
  ПРЕДЫСТОРИЯ ЗИМНЕЙ ВОЙНЫ
  - 冬戦争前の政治状況
    ПОЛИТИЧЕСКИЙ АСПЕКТ
  - 開戦
    НАЧАЛО ВОЙНЫ
  - フィンランド軍の対戦車防衛
    ПРОТИВОТАНКОВАЯ ОБОРОНА ФИННОВ
    - ■マンネルヘイム防衛線
      ЛИНИЯ МАННЕРГЕЙМА
    - ■フィンランド軍の対戦車装備
      ПРОТИВОТАНКОВЫЕ СРЕДСТВА
  - ソ連とフィンランドの戦車部隊
    ТАНКОВЫЕ ВОЙСКА СССР И ФИНЛЯНДИИ
    - ■赤軍戦車部隊の編成
      ОРГАНИЗАЦИЯ ТАНКОВЫХ ВОЙСК КРАСНОЙ АРМИИ
    - ■赤軍の保有戦車
      ТАНКОВЫЙ ПАРК КРАСНОЙ АРМИИ
    - ■工兵戦車
      САПЕРНЫЕ ТАНКИ
    - ■化学戦車
      ХИМИЧЕСКИЕ ТАНКИ
    - ■遠隔操縦戦車（テレタンク）
      ТЕЛЕУПРАВЛЯЕМЫЕ ТАНКИ
    - ■クルチェフスキー自走砲
      САМОХОДНЫЕ ПУШКИ КУРЧЕВСКОГО
    - ■フィンランド軍の戦車部隊
      ТАНКОВЫЕ ЧАСТИ ФИНЛЯНДИИ

- 42　**第2部**
  カレリヤ地峡での戦闘
  БОЕВЫЕ ДЕЙСТВИЯ НА КАРЕЛЬСКОМ ПЕРЕШЕЙКЕ
  - 軍事行動の推移
    ОБЩИЙ ХОД ВОЕННЫХ ДЕЙСТВИЙ
  - 労農赤軍戦車部隊の行動
    ДЕЙСТВИЯ ТАНКОВЫХ ВОЙСК РККА
  - 物資補給と修理態勢
    МАТЕРИАЛЬНО-ТЕХНИЧЕСКОЕ ОБЕСПЕЧЕНИЕ
  - カレリヤ地峡で行動した戦車部隊
    ТАНКОВЫЕ ЧАСТИ, ДЕЙСТВОВАВШИЕ НА КАРЕЛЬСКОМ ПЕРЕШЕЙКЕ
    - ■第10戦車軍団
      10-Й ТАНКОВЫЙ КОРПУС
    - ■第1軽戦車旅団
      1-Я ЛЕГКОТАНКОВАЯ БРИГАДА

原書スタッフ

発行所／有限会社ストラテーギヤKM
　　　住所：ロシア連邦　127510　モスクワ市　ノヴォドミートロフスカヤ通り5-A　16階　1601号室
　　　電話：7-495-787-3210　E-mail：magazine@front.ru　Webサイト：www.front2000.ru
有限会社ヤウザ出版
　　　住所：ロシア連邦　127299　モスクワ市　クラーラ・ツェートキン通り18/5
　　　電話：7－495－745－5823
エクスモ出版
　　　住所：ロシア連邦　127299　モスクワ市　クラーラ・ツェートキン通り18/5
　　　電話：7－495－411－6886、7－495－956－3921　E-mail：info@eksmo.ru　Webサイト：www.eksmo.ru
著者／マクシム・コロミーエツ　　　地図／パーヴェル・シートキン
製図／ヴィクトル・マリギーノフ　　　カラーイラスト／アンドレイ・アクショーノフ
発行／2001年8月

■第13軽戦車旅団
13-Я ЛЕГКОТАНКОВАЯ БРИГАДА
■第15機関銃狙撃兵旅団
15-Я СТРЕЛКОВО-ПУЛЕМЕТНАЯ БРИГАДА
■第20重戦車旅団
20-Я ТЯЖЕЛАЯ ТАНКОВАЯ БРИГАДА
■第29戦車旅団
29-Я ТАНКОВАЯ БРИГАДА
■第35軽戦車旅団
35-Я ЛЕГКОТАНКОВАЯ БРИГАДА
■第39軽戦車旅団
39-Я ЛЕГКОТАНКОВАЯ БРИГАДА
■第40軽戦車旅団
40-Я ЛЕГКОТАНКОВАЯ БРИГАДА
■第28狙撃兵軍団隷下の戦車部隊
ТАНКОВЫЕ ЧАСТИ 28-ГО СТРЕЛКОВОГО КОРПУСА
■フィンランド戦車部隊の戦闘行動
БОЕВЫЕ ДЕЙСТВИЯ ФИНСКИХ ТАНКОВЫХ ЧАСТЕЙ

107 ● 第3部
ラドガ湖北方での戦闘
БОЕВЫЕ ДЕЙСТВИЯ СЕВЕРНЕЕ ЛАДОЖСКОГО ОЗЕРА
軍事行動の推移
ОБЩИЙ ХОД ВОЕННЫХ ДЕЙСТВИЙ
戦車部隊の行動
ДЕЙСТВИЯ ТАНКОВЫХ ЧАСТЕЙ
■第34軽戦車旅団
34-Я ЛЕГКОТАНКОВАЯ БРИГАДА

118 ● 第4部
ソ連第9軍地帯での戦闘
БОЕВЫЕ ДЕЙСТВИЯ В ПОЛОСЕ 9-Й АРМИИ
軍事行の推移
ОБЩИЙ ХОД ВОЕННЫХ ДЕЙСТВИЙ
戦車部隊の行動
ДЕЙСТВИЯ ТАНКОВЫХ ЧАСТЕЙ

125 ● 第5部
ムルマンスク方面での戦闘闘
БОЕВЫЕ ДЕЙСТВИЯ НА МУРМАНСКОМ НАПРАВЛЕНИИ
軍事行動の推移
ОБЩИЙ ХОД ВОЕННЫХ ДЕЙСТВИЙ
戦車部隊の行動
ДЕЙСТВИЯ ТАНКОВЫХ ЧАСТЕЙ

128 ● 第6部
ソ連の後方から前線へ
ТЫЛ - ФРОНТУ
■ＳＭＫ戦車とＴ－１００戦車
ТАНКИ СМК И Т-100
■ＫＶ戦車
ТАНКИ КВ
■戦車の増加装甲
ЭКРАНИРОВКА ТАНКОВ
■歩兵用装甲防盾
БРОНЕВЫЕ ЩИТКИ ДЛЯ ПЕХОТЫ
■ローラー式地雷処理戦車
ТАНКОВЫЕ ПРОТИВОМИННЫЕ ТРАЛЫ
■架橋戦車
ТАНКОВЫЙ МОСТ
■衛生戦車
САНИТАРНЫЙ ТАНК

136 ● ソ・フィン戦争（冬戦争）でソ連邦英雄の称号を拝領した戦車隊員
ТАНКИСТЫ, ПОЛУЧИВШИЕ ЗВАНИЕ ГЕРОЯ СОВЕТСКОГО СОЮЗА ЗА СОВЕТСКО-ФИНЛЯНДСКУЮ ВОЙНУ

序文　ВВЕДЕНИЕ

　1939年11月30日から1940年3月13日まで続いたソ・フィン戦争（または西側で言うところの冬戦争）は、わが国（旧ソ連およびロシア）の歴史の中でも最近まであまり研究されていない事件のひとつである。過去数年の間（訳注：原書の刊行は2001年）にようやくこのテーマについてかなり多くの著述が世に出てきた。しかしながら、それらの大半はこの紛争の政治的側面と戦闘行動の全般的な推移しか取り上げておらず、個々の兵科部隊の行動には触れていない。

今回「フロントヴァヤ・イリュストラーツィヤ」シリーズが読者諸兄にご紹介するのは、冬戦争における戦車部隊の運用である。本書は長年にわたり、ソ連、フィンランド双方の公文書や各種資料を研究した成果であり、この紛争における戦車の戦闘運用について客観的な情景を描き出すことができたと思われる。しかしながら、本書がこのテーマに終止符を打つものとは言わない。多くの疑問に関して、充分な資料を公文書館で見つけることができなかったからだ。それゆえ、筆者はいかなる確認情報や補足情報でもお知らせくださる方々には感謝申し上げる（連絡先：121096, Moscow, PO box 11, Kolomiets M.V.）

　本書の出版に当たりご協力いただいたM・スヴィーリン氏、ロシア軍事博物館職員のN・ラヴレンコ、O・トルストヴァ、I・チェパノヴァ、E・グムイラの各氏、さらにN・ガヴリルキン、M・マカロフ、L・ヴァフリン、フィンランドのエサ・ムイックにお礼を申し上げたい。また、本書発行の技術的なサポートをしてくださったP・イリャーヒン氏にも謝意を表する。

第1部
冬戦争勃発の経緯
ПРЕДЫСТОРИЯ ЗИМНЕЙ ВОЙНЫ

1. 戦闘を控えた戦車部隊内での集会。カレリヤ地峡、1939年12月。T-26戦車の左舷には防水布が積んである。（ストラテーギヤKM社所蔵：以下、ASKMと略記）

冬戦争前の政治状況
ПОЛИТИЧЕСКИЙ АСПЕКТ

　フィンランドはロシア革命の結果独立を獲得した国々のひとつであった。それまでは自治行政体であり、ロシア帝国の一部のフィンランド大公国として制限のある自治行政機構を持っていた。1917年12月18日、ソヴィエトロシアの政府はフィンランドの独立を承認した。ところが、その後の両国の関係は複雑化していった。

　1939年8月23日、ドイツとソヴィエト連邦は不可侵条約を締結。この条約の枠内で追加の秘密協定（モロトフ・リッベントロップ協定として有名）も結ばれた。そして、ソ連とドイツはヨーロッパにおける自らの勢力圏を分け合った。この協定によると、ラトヴィアとリトアニア、エストニア、フィンランドはソヴィエト連邦の勢力圏に含まれてしまった。

　1939年9月1日にドイツがポーランドへの攻撃を開始して第二次世界大戦が勃発した。9月17日、ソヴィエト連邦もまた軍事行動を発起し、ポーランドに属していた西部ウクライナと西部白ロシアはかつてロシア領に含まれていたとして、それらの地域の解放を目的とするものだと宣言した。

　1939年の9月28日から10月10日にかけて、ソヴィエト連邦はこ

2

2. 装甲牽引車T-20コムソモーレツが45㎜対戦車砲を前線に牽引している。カレリヤ地峡、ヴァスケロヴォ地区、1939年12月2日。(ASKM)

の追加秘密協定にしたがってラトヴィア、リトアニア、エストニアの各国と相互援助の軍事同盟を結んでいった。それに基づいてソ連はこれらの国々の領土に軍隊を配置し、軍事基地を保有することができた。そして10月18日にはすでに赤軍部隊がバルト諸国の領土に進入してきた。

　10月5日、ソ連はフィンランドに対して相互援助条約締結の提案を行なった。しかしフィンランド政府は、あまりに不利な条約に署名するつもりはなかった。そのため10月6日には予備役の招集が発令され、10月12日にはフィンランドで兵力の動員が開始された。

　その日のモスクワではソ連、フィンランド両政府代表同士の話し合いが始まっていた。ソ連指導部はこの会談に向けて極めて真剣な準備をしていた。二つの条約案が用意され、それらによるとフィンランドはソ連に対してカレリヤ地峡の東部とフィンランド湾内のいくつかの島々、それにルィバーチー半島の一部を割譲するものとされ、さらにソ連はハンコ半島に軍事基地を建設することができるものとされていた。その代償としてフィンランド側にはそれらの倍の面積の東カレリヤの土地が提供されることになっていた。

　ソ連がハンコ半島を必要とするのは、エストニアにも同様の赤軍基地があるからであるとの理由であった。ハンコを獲得することで、フィンランド湾への進入を沿岸砲を使って完全に阻止することができるのだ。カレリヤ地峡の方面ではソ連政府は、国境線を80㎞ほ

6

ど北に移し、レニングラードの安全を確保しようとしていた（当時のレニングラード近郊都市から対フィンランド国境までわずか32kmしかなかった）。

ソ連のこの提案に対するフィンランド指導部の見解は分かれた。同国のJ・パーシキヴィ大統領とK・マンネルヘイム国軍最高司令官は領土的譲歩もやむなしと考えていたが、V・タンネル財務大臣とE・エルッコ外務大臣はその考えに反対した。最終的には限定的な譲歩を行なうことが決定された。すなわち、カレリヤ地峡の国境線は10～20kmだけ移動させ、フィンランド湾の四島と東カレリヤの領土を交換する、というものだ。ハンコの租借については拒否することとなった。

10月の23日から25日にかけて、また11月の2日から4日にかけてモスクワで開かれた会談では、スターリンが一連の譲歩を行なったが、それでも妥協に至ることはできなかった。この場でスターリンは、カレリヤ地峡での国境線を（80kmの代わりに）40kmの移動に止める用意もあった――「レニングラードを移すことはできないため、国境線がレニングラードから70km離れて通るよう、我々はお願いしたい。我々は2,700平方kmをお願いする代わりに、5,500平方kmを提供しようとしている」。

交渉の障害となったのは、フィンランドがハンコ半島もしくは近隣の島々を代替地として租借させることを望まなかった点である。しかし、これこそソ連指導部にとっては最も重要な交渉のポイントだったのである。双方は合意に達することができず、交渉は袋小路に陥った。

10月の後半になり、フィンランドとの合意達成の見込みがないことがはっきりすると、レニングラード軍管区と北方艦隊、バルチック艦隊は高度戦闘体制に移行した。10月29日、レニングラード軍管区本部はソ連国防人民委員のK・ヴォロシーロフに『フィンランド軍陸海兵力殲滅作戦計画』を提出した。11月15日にレニングラード軍管区は、11月20日までに兵力の集結を完了すべし、との任務を受領した。一週間足らずの間に諸部隊の進撃準備を整える膨大な作業を遂行せねばならなかったが、労農赤軍の参謀本部には戦闘行動が予定された地域の地図さえなかった。

この計画によると、大兵力による大規模な攻撃によってフィンランド軍部隊を二～三週間のうちに殲滅することが想定されていた。スターリンはこれを承認したが、参謀総長のシャポシニコフは逆に、対フィンランド軍事行動は「容易ならず、数ヶ月間の激しく困難な戦争を要するだろう」と考えていた。どうやらそのせいで、シャポシニコフは黒海での長期休暇に送り出されたようである。

1939年11月26日、カレリヤ地峡で事件が発生した。それは後に

3：第90狙撃兵師団第44独立偵察大隊のFAI装甲車が上り坂を越えようとしている。カレリヤ地峡、1939年12月。（ロシア中央軍事博物館、以下CAFMと略記）

「マイニラの砲撃」として名を残すこととなった。タス通信の報道によると、この日1545時にフィンランド砲兵がマイニラ村付近の国境地帯を砲撃し、赤軍兵士の4名が死亡、そして9名が負傷した。その数時間後にV・モロトフソ連外務大臣は駐ソ連フィンランド大使に対して、マイニラでの事件は「ソ連に対する敵対行為とみなす」とする通告を行なった。これに伴い、レニングラードの安全を確保するため、フィンランド軍部隊を国境から20〜25kmほど後退させるよう提起された。フィンランド指導部は回答文書のなかで、マイニラでの事件はソ連側の射撃演習時のミスによる可能性もあるとし、事件解明のための共同調査委員会を作ることを提案した。さらに、国境線からフィンランド軍部隊もソ連軍部隊も後退させることが提案された。

フィンランド政府の回答にソ連指導部は非常に否定的な反応を示した。モスクワは11月28日の回答で、そのような姿勢はフィンランドが今までどおり「レニングラードを脅威にさらし続け」、発生した危機を極限にまで至らしめ」ようとするものだと指摘した。そしてこう締めくくった——ソヴィエト連邦は1932年にソ連とフィンランドの間で締結された不可侵条約を破棄する。翌11月29日、フィンランド大使に送られたモロトフ外相の通告には、ソ連国境地帯に対する攻撃が続いており、それゆえソ連政府は「フィンランドと正常な関係を維持することはできず、フィンランドから政治、経済分野の代表をやむなく召還させる」旨が記されていた。それはソ連とフィンランドの最終的な国交断絶を意味した。フィンランド政府が一方的に部隊を国境から引き離すことに同意するとの連絡がそ

の日のうちにモスクワに届いたが、もはや事態の進展に影響を及ぼすことはできなかった。1939年11月30日の朝、ソ連の火砲が咆哮した。冬戦争の始まりである。

開戦
НАЧАЛО ВОЙНЫ

　11月30日朝0830時、準備砲撃の後、赤軍部隊がフィンランド湾から白海にかけての対フィンランド国境を越境した。1,610kmの前線には、レニングラード軍管区の指揮下で21個の狙撃兵師団が4個軍に分かれて展開した。カレリヤ地峡では第7軍（狙撃兵師団9個、戦車軍団1個、戦車旅団3個）、ペトロザヴォーツク方面には第8軍（狙撃兵師団6個、戦車旅団1個）、中部カレリヤ（カンダラクシャ、ウフタ、レポラの各方面）には第9軍（狙撃兵師団4個）、ムルマンスク方面には第14軍（狙撃兵師団3個）がそれぞれ配された。フィンランド侵攻のために集結された部隊は40万名、戦車1,476両、砲1,915門、航空機約千機を数えた。軍の行動は国境警備隊とNKVD部隊（訳注：NKVD＝エヌカヴェデーは内務人民委員部の略）、バルチック艦隊、北方艦隊も支援していた。

　戦闘行動の訓練と実施を直接指揮したのはレニングラード軍管区司令部である（司令官はK・メレツコフ2等軍司令官、軍事審議官はA・ジダーノフ、参謀長はI・スモロヂーノフ2等軍司令官）。さらにモスクワでは、K・ヴォロシーロフ国防人民委員の下に最高総司令部が設置された（訳注：最高総司令部はしばしば「スターフカ＝大本営の意味」と通称される）。スターフカにはほかにI・スターリン、B・シャポシニコフ、N・クズネツォフ（ソ連海軍人民委員）が名を連ねた。

　フィンランド軍は1939年10月に動員を開始し、冬戦争勃発の時点で歩兵師団9個、歩兵旅団4個、歩兵連隊1個、歩兵大隊31個、騎兵旅団1個を保有していた。このほかに後方では予備役からさらに2個歩兵師団が編成された。カレリヤ地峡には地峡軍（歩兵師団6個）と掩護部隊が展開した。ペトロザヴォーツク方面には2個歩兵師団が配された。そこから北方の北氷洋にいたる地域にはわずかに個々の中隊と大隊、それに国境警備部隊しかなかった。

　フィンランド軍は全部で265,000名の人員と534門の砲（沿岸砲を除く）、戦車64両、航空機270機を擁していた。このほかフィンランド国内には、なんらかの軍事訓練を受けたことのある者が約50万名いた。

　戦争指導機関としてはK・マンネルヘイム元帥の指揮下に総司令本部が設置された。

9

4：マンネルヘイム線の"百万トーチカ"。その大きさは、立っている兵士たちの体と比較してみれば想像できよう。カレリヤ地峡、1940年2月。（CAFM）

5：フィンランド軍トーチカの装甲掩蓋付き観測所。カレリヤ地峡、1940年。（CAFM）

フィンランド軍の対戦車防衛
ПРОТИВОТАНКОВАЯ ОБОРОНА ФИННОВ

　旧ソ・フィン国境からヴィボルグ（フィンランド名：ヴィープリ）までの全域は広大な森林に覆われ、戦車はその中を道路と個々の林道のみ通過することができた。数多くの沼地、または急勾配の岸を持つ河川や湖沼、深い雨溝に凍らない泥炭質の沼や大丸石だらけの土地——これらすべてが踏破困難な天然の対戦車障害物であった。道路の数が少ないことも、戦車部隊の機動をさらに難しくし、森林の中の走行可能な地区の移動でも樹木と大丸石の間を通過する際には操縦手の高度なテクニックが要求された。

　そのうえ、1939年から1940年にかけての酷寒（零下45〜49℃）と深い積雪（90〜120cm）を伴う厳冬が、戦車運用をさらに困難なものにした。

■マンネルヘイム防衛線
ЛИНИЯ МАННЕРГЕЙМА

　カレリヤ地峡の天然の障害は、（K・マンネルヘイム元帥の姓に由来して）「マンネルヘイム線」と呼ばれるようになる、フィンランド軍の防御システムで補足された。これはカレリヤ地峡に展開された全長135km、縦深90kmにおよぶ永久トーチカと阻止施設の防御システム全体を示す。それは、前衛地帯（訳注：バリケード、対戦車阻止柵などの工兵施設を中心とする防御最前線）、主防御地帯、第二防御地帯、後方地帯、ヴィボルグ掩護線、その他最も危険な方面に設置された個々の防御陣地を含む。フィンランドの文献で言うところのマンネルヘイム線とは、まずもって赤軍の進撃が1939年12月に止められた線と考えられている。この線は部分的に（約70％）のみ、主防御地帯と重なる。それゆえ、多くの西側の軍事史研究者たちは「マンネルヘイム線」とフィンランド軍の「カレリヤ地峡防御システム」を区別している。我々は本書においてはイメージをし易くするため、カレリヤ地峡の防御システム全体をマンネルヘイム線と呼ぶことにしよう。

　カレリヤ地峡の防御施設の構築はすでに1918年の秋に始まっていた。しかし、それが大規模化してくるのは1920年〜1924年の、フィンランド軍参謀総長O・エンケル少将の指揮下でカレリヤ地峡防衛計画が策定されていた時期である。5年間の作業で、後にマンネルヘイム線の主防御地帯となる防御施設が構築された（いくつかの文献では「エンケル陣地」と呼ばれている）。それは土木造野戦防御施設とコンクリート石造永久トーチカ、対戦車および対人障害物を含む18個の防御拠点から形成されている。1920年から1924年にかけてエンケル陣地には168箇所のコンクリート施設が建設さ

6：丸太を使った対戦車砲塔障害物。カレリヤ地峡、1940年2月。(CAFM)

れた。マンネルヘイム線の構築は1932年に再開され、冬戦争が勃発するまで続けられた。この作業を指揮したのはフィンランドの有名な築城専門家のI・ファブリツィウス大佐である。この期間に前衛地帯、第二防衛地帯、後方防衛地帯、ヴィボルグ掩護線が形成されていった。いくつかのとりわけ危険性の高い地区には阻止陣地が設けられた。主防衛地帯では旧式のトーチカが近代化され、それらに加えて新型の"百万トーチカ"が建設された。この名称はトーチカの高額なコストに由来する——これらのトーチカの建設には百万フィンランドマルク単位の費用がかかったからだ。"百万トーチカ"は

7：マンネルヘイム線の対戦車傾斜壁。カレリヤ地峡、1940年2月。(CAFM)

8, 9：有刺鉄線と木造の対戦車防柵。カレリヤ地峡、1940年1月。(CAFM)

互いに地下通路で連結された2～3基の防弾戦闘施設を持ち、これらの通路は同時に、20～60名の兵員が居住することのできる兵舎の役割も兼ねた。すべての施設は自給設備（水、電気、暖房、食料と弾薬の備蓄）を持ち、完全包囲の条件下でも守備隊が防御戦闘を行なうことを可能にしていた。防弾戦闘施設の壁の厚さは130～150cmあり、さらに全部で280～490mmの厚みになる4～7枚の装甲板で強化されていた。トーチカは上から厚さ3.5～4.5mの砂と石の層で覆われた。"百万トーチカ"は戦場視察用に笠形の観測所を持ち、それらの装甲厚は160～180mmであった。防弾戦闘施設の武装は複数のマクシム機関銃であったが、後にいくつかのトーチカはボフォース37mm砲や対戦車ライフルを受領した。ただし客観性を期すために言っておかねばならないのは、"百万トーチカ"の数は

13

多くなく、それらが建設されたのは最も脅威の大きい地区であった。冬戦争開始時点の主防衛地帯には全部で210基の永久トーチカと546基の土木造トーチカがあった。さらに26基の永久トーチカと61基の土木造トーチカが後方防衛地帯とヴィボルグ近郊の陣地に造られた。こうして、冬戦争開始当時のマンネルヘイム線の鉄筋コンクリート製永久トーチカは約300基、土木製トーチカは2,000基を数えるに至った。

　永久トーチカと土木製トーチカは防御陣地群に統合され、相互によく考えられた砲、機関銃、迫撃砲の射撃体系と連繋されていた。各永久トーチカの間には、塹壕、連絡壕、射撃陣地など野戦部隊の陣地が配置され、それらはたいてい装甲板やコンクリートの掩蓋で防護されていた。マンネルヘイム線の施設はすべて良く偽装され、対戦車、対人障害物を組み合わせた複合的な障害物で覆われていた。それらの組み合わせは通常以下のようなものであった――まず3～4列の有刺鉄線が引かれ、それから30～40m離れたところに何列かの石製対戦車阻止柵が並び、さらに20～50m離れて対戦車壕または傾斜壁が行く手を塞ぎ、そこから20～50mの場所に再び2～4列の有刺鉄線が待ち構える、という具合である。最後の障害物から150～200mの場所に火点(永久トーチカまたは土木製トーチカ)が配置された。また、障害物への近接路と障害物自体にも地雷が仕掛けられていた。

■フィンランド軍の対戦車装備
ПРОТИВОТАНКОВЫЕ СРЕДСТВА

　マンネルヘイム線の工兵対戦車手段の中心は、対戦車阻止柵、対戦車壕および傾斜壁、地雷、逆茂木であった。

　対戦車阻止柵は、石製、鉄筋コンクリート製、金属製の三種類があった。石製阻止柵は、60×200cmほどの大きさの磨かれた花崗岩で地面に60～100cmほど埋め込まれたものか、または直径1mまでの大丸石で、しばしばカレリヤ地峡で見られた。それらの破壊は、戦車砲から発射する45mm徹甲弾か（3～4発で粉砕できた）、または工兵の爆破によって可能であった。優れたテクニックをもった戦車操縦手が、これらの阻止柵の天辺を伝って戦車を走らせたケースも時々あった。

　鉄筋コンクリート阻止柵は、高さ80～100cm、基礎部分の幅60～80cmの三面ピラミッドの形をしていた。これらはしばしば道路上に見られ、その強度はお決まりのように高くなかった――戦車兵たちは戦車から降りて、これらを備え付けの鉄棒で叩いて容易に壊していった。

　金属製阻止柵（通常は地面に埋め込まれた、高さ100～110cm

10：高さ2メートルの鉄筋コンクリート対戦車阻止柵。カレリヤ地峡、1939年12月。（CAFM）

11：6列に並んだ花崗岩製阻止柵は、マンネルヘイム線の特徴的な対戦車障害物である。（CAFM）

になる鉄道レール）は、花崗岩製または鉄筋コンクリート製阻止柵が並んだところに少数散見されたに過ぎない。これら全種の阻止柵は相互に1〜1.5mの間隔で、通常は3〜4列、時折5〜6列にわたって市松模様のように配置された。

　傾斜壁は高さ2.5mまでの垂直な壁を備え、丸太や花崗岩の大丸石で補強されていた。対戦車壕は幅4〜5m、深さ2.5mで、その側壁は丸太や石で補強されていた。傾斜壁と対戦車壕はかなりな全長を持ち（所どころ1kmを超えるものもあった）、その傾斜部分は湖沼や急勾配の斜面に接していた。

　地雷原は湖や河川の岸（戦車が渡河する可能性のある場所）や森林のはずれ、林道、道路、集落への近接路とかに設置された。基本的にはフランス製、スウェーデン製（金属製の本体に爆薬2〜4kg）、フィンランド製（木製の本体に最大8kgの爆薬）の三種類の地雷が用いられた。それらは市松模様に配置され、相互の間隔は1m、また各地雷列の間隔は2〜3mであった。前衛地帯の地雷埋設は2列に行われたが、主防衛地帯、第二防衛地帯、後方防衛地帯、ヴィボルグ近郊では地雷原の幅が15列にまで膨らむところもあった。戦車が爆破されると、フランス製とスウェーデン製の地雷は走行装置のみ損傷を与えるのが普通であったが、フィンランド製は時に車底を突き破り、乗員を戦闘不能にさせた。カレリヤ地峡の諸条件下でのフィンランド軍による地雷の使用は、きわめて有効な対戦車戦法であった。しばしば降った大雪は地雷が埋設された地区を効果的に偽装した。

　フィンランド軍は対戦車障害物として逆茂木も利用した。それらは道路や林道、森林の外や湖沼、河川の岸への出口を遮った。樹木は高さ1〜1.5mの高さで伐採され、道路に倒され、有刺鉄線が張り巡らされ、決まって地雷が設置された。逆茂木の奥行きは400〜500mに達した。

　偽装された対戦車落とし穴（幅3m、長さ4.5m、深さ2m）も所どころあり、湖やフィンランド湾の氷に開けられた穴が巧妙に隠されている場所もあった。

　冬戦争勃発当時のフィンランド軍が保有していた対戦車兵器は、スウェーデンのボフォース社製の37mm砲112門であった。これは距離500mからすべてのソ連戦車の装甲を撃ち破ることができた。戦争の過程でフィンランド軍にはさらに123門のボフォース砲と、フランス製の25mm対戦車砲が配備された。後者の正確な数は筆者には不明であるが、それはほんのわずかであったようだ──1940年3月13日時点のフィンランド軍には、この種の砲が損害を差し引いても22門あった。また、鹵獲したソ連の45mm対戦車砲も使用された──戦争終結までに123門が鹵獲され、そのうち部隊に支給さ

れたのは57門であった。

　フィンランド軍は火砲のほかに、外国からの軍事支援として入ってきた対戦車ライフルもかなり積極的に使用した。それらの総数を筆者は把握していないが、1940年3月13日の時点でフィンランド軍には第一次世界大戦時代の英ボーイズ社製13.97㎜ MKⅠ、スウェーデンのソロータン社製20㎜ S18-1000、独モーゼル社製13㎜ M.1918の三種類の対戦車ライフルが130挺残っていた。

　対戦車砲は防御陣地の奥に配置され、対戦車障害物は対戦車ライフルの射撃と、選抜された各2～4名の掩護班で守られた。彼らの武器は複数の手榴弾を束ねたものや火炎瓶、または移動式地雷であ

12：ヘルシンキ軍事博物館に展示されているボフォース37㎜対戦車砲。（イリヤー・ペレヤスラーフツェフ氏（以下、IPと略記）の撮影）

13：1940年3月から翌41年春までレニングラード（現サンクトペテルブルク）のレニングラード軍管区文化会館で開催された特別展『白色フィンランドの殲滅』に展示されたフランス製25㎜対戦車砲。1940年3月。（ASKM）

17

った。移動式地雷とは普通の対戦車地雷を二枚のベニヤ板に挟んで、ロープで動かすことのできるものである。そうすることによって、地雷を走行中の戦車の覆帯の下に引っ張ることができるのだ。

　対戦車砲は事前に発見されないように、戦車が障害物を乗り越えてから射撃を始めるようにしていた。一つの射撃陣地からお決まりのように数発の射撃を行い、そのあと砲は別の陣地に移動された。このような戦法でフィンランド軍は気づかれないままに、多数の戦車を撃破することに成功した。時折対戦車射撃に野砲が用いられることもあったが、そのようなケースは非常に稀であった。

14, 15：鹵獲されたフィンランド軍のボフォース37mm対戦車砲。カレリヤ地峡、1940年2月。(ASKM)

16：前線に居並ぶ第35軽戦車旅団所属のT-26戦車には様々な派生型があった。(手すり形アンテナと持つ1933年型、対空射撃装備と夜間射撃用照明器を持つ車両、機関銃装備の双砲塔式1931年型)。1940年2月。(CAFM)

ソ連とフィンランドの戦車部隊
ТАНКОВЫЕ ВОЙСКА СССР И ФИНЛЯНДИИ

■赤軍戦車部隊の編成
ОРГАНИЗАЦИЯ ТАНКОВЫХ ВОЙСК КРАСНОЙ АРМИИ

　ソ・フィン戦争勃発当時の赤軍戦車部隊の組織編成はよく発達していた。1939年9月の機甲兵力は戦車軍団、独立戦車旅団、装甲車旅団、騎兵師団戦車連隊、狙撃兵師団独立戦車大隊、独立偵察大隊、装甲列車大隊、教習戦車連隊、修理基地、教習学校から構成されていた。

　戦車軍団は戦車旅団2個と機関銃狙撃兵旅団1個、補給支援の諸部隊からなり、赤軍には全部でこのような戦車軍団が4個あり、それぞれ編成定数によると570両の戦車を保有することになっていた。

　戦車旅団には二種類あり、T-26またはBTで武装した軽戦車旅団と、T-28とT-35を装備する重戦車旅団である。軽戦車旅団はBT快速戦車で武装したもの（全16個旅団、各旅団の定数は278両）と、T-26軽戦車を配備されたもの（全17旅団、各旅団の定数は267両）とがあった。戦車軍団の編成にはBT装備の軽戦車旅団が入った。

　重戦車旅団（T-28装備が3個、T-35装備が1個）の編成定数は、それぞれ前者は183両、後者は148両であった。

　装甲車旅団（全3個）は装甲車で武装され、ステップ・砂漠地帯での行動が想定された部隊であり、これらはモンゴルに駐屯していた。

　騎兵師団所属の20個の戦車連隊には各64両のBT戦車があった。

　狙撃兵師団隷下の戦車大隊はT-26中隊（15両）1個とT-37・T-38中隊（22両）1個から編成されていた。1939年9月当時、これらの大隊の数は80個を下らなかった。

　独立偵察大隊の編成は戦車中隊、装甲車中隊、狙撃兵中隊各1個、戦車15両と装甲車18両であった。これらの大隊は各狙撃兵師団や戦車旅団の編成に入ることになっていたが、装甲兵器を実際に持っている大隊は少なかった。

　装甲列車大隊は重装甲列車1編成と軽装甲列車2編成、装甲手動車小隊1個からなり、このような大隊は全部で8個あった。

　11個あった教習戦車連隊は、戦闘車両乗員の訓練を行っていた。将校たちは7箇所の機甲学校と一つの専門大学で養成されていた。

　1939年9月に赤軍ではいわゆる「大教育召集」が実施され、そのなかで産業からの機械・機器類の徴用や予備役の召集、新設部隊の編成が行なわれた。この過程で教習戦車連隊を基幹として2個の戦車旅団が編成され、BT装備の第34旅団とT-26装備の第40旅団が

17：第123狙撃兵師団所属のこのT-27豆戦車は地雷で爆破されてしまった。テリヨキ、1939年12月5日。（ASKM）

誕生した。

　対フィンランド戦争には次の部隊が用いられた――第10戦車軍団、第20重戦車旅団、第34、第35、第39、第40軽戦車旅団、狙撃兵師団隷下の戦車大隊20個。戦争の途中で第29軽戦車旅団と多数の独立戦車大隊も前線に到着した。実際の戦闘行動は、戦車部隊の編成に修正をもたらした。例えば、狙撃兵師団隷下の戦車大隊は実用性がないことが判明した――フィンランドの地理的条件下ではT-37・T-38戦車中隊は無用な存在であった。そこで労農赤軍最高軍事ソヴィエトの1940年1月1日付の訓令で、各狙撃兵師団に54両のT-26（そのうち15両は化学戦車）を持つ戦車大隊を加え、また各狙撃兵連隊には17両のT-26からなる戦車中隊1個を持たせることになり、このような中隊は全部で24個編成された。その一方で7個の戦車連隊（各連隊の編成定数はT-26戦車164両）も編成されていた。これらの連隊は、自動車化狙撃兵師団（第17、第37、第84、第86、第91、第119、第128、第144、第172、第173）と軽自動車化師団（騎兵師団を基幹として編成された経緯から、文書中ではしばしば自動車化騎兵師団と呼ばれている）のために運用することが想定されていた。しかし前線では、これらの連隊は必要に応じて通常の狙撃兵師団の編成に加えることも可能であった。自動車化騎兵師団は第24と第25の2個師団のみ編成された。それらは各々4個の自動車化連隊（自動車移動）と砲兵連隊、戦車連隊各1個を持っていた。この師団の保有する自動車とトラクターの数は通常の狙撃

兵師団に比べてはるかに多くなった一方、兵員の数は削減された。だがフィンランドの条件下では自動車化騎兵師団はあまり効果的でなかった——道路事情が悪いため、大量の自動車の移動は大問題であった。

　これと同じ頃、5個の装甲車大隊が編成された（各49両の装甲車）。それらは、マンネルヘイム線主防衛地帯突破の後に撤退する敵を追跡するために使用することが想定されていた。しかし地形条件がこのプランの実現を阻み、装甲車大隊は戦闘に参加せずに終わった。

■赤軍の保有戦車
ТАНКОВЫЙ ПАРК КРАСНОЙ АРМИИ
　冬戦争で使用された装甲車両は種々雑多であった。例えば第1、第13、第34戦車旅団は、機銃装備のBT-2から円錐形砲塔のBT-7 1939年型までのすべての種類のBT快速戦車が配備されていた。同じような状況はT-26戦車旅団についても言え、双砲塔の車両と円

18：ST-26工兵戦車は第35軽戦車旅団の中で運用された。（ASKM）（STは工兵戦車（サピョールヌイ・タンク）の略／訳注）

錐形砲塔の車両が混在していた（以下便宜的に、双砲塔T-26を T-26 1931年型、単砲塔（円筒形砲塔）T-26をT-26 1933年型、円錐形の単砲塔で傾斜側壁の砲塔基台を持つT-26をT-26 1939年型と呼ぶことにしたい）。

　狙撃兵師団隷下の戦車大隊にあったT-26は、決まって旧式（1931年型〜1936年型）であった。しかしいくつかの部隊は、工場から直接受け取った新型のT-26 1939年型が配備された。T-37とT-38は狙撃兵師団隷下の戦車大隊にのみあり、戦車旅団には支給されなかった。これらの車両はたいてい酷く使い古されていた。

　装甲車はフィンランドの前線においてすべての車種が、新型のBA-10から"骨董品の"BA-27やD-8までもが使用された。装甲車は戦車旅団も独立偵察大隊も、そして新たに編成された装甲車大隊も持っていた。

　冬戦争ではコムソモーレツ装甲牽引車も広く用いられた。これは狙撃兵師団と戦車旅団の対戦車大隊に配備され、45mm対戦車砲の牽引に用いられた。

　T-27豆戦車も運用された。冬戦争勃発当時これら豆戦車の大半は狙撃兵部隊に支給され、牽引車や弾薬輸送車として活用された。しかしそれらの技術的状態は悲惨で、北方の戦場での踏破性は実質的にゼロであった。それでもいくつかの部隊では豆戦車はその任務

19：このSBT工兵快速戦車は第13軽戦車旅団の中で行動した。（ASKM）（SBTは工兵快速戦車（サピョールヌイ・ブィストロホードヌイ・タンク）の略／訳注）

を果たし、第14軍地帯では道路のパトロールにさえ用いられた。

　冬戦争開始時点のレニングラード軍管区戦車部隊にはT-28が108両、BTが956両、T-26が848両、T-37・T-38が435両、装甲車344両あった。戦争の過程で戦闘車両の数はどんどん増えていった。

　冬戦争の面白いところは、後には広く使用されることのなかった戦闘車両が積極的に戦闘に使用された点である。それゆえ、このような車両についてここでやや詳しく触れるのも意義があることだと思う。

■工兵戦車
САПЕРНЫЕ ТАНКИ
　ソ連では戦車部隊が創設されだした当初から、赤軍指導部は戦車部隊にあらゆる工兵技術を装備させることを考えていた。1932年初頭に承認された『工兵戦車武装システム』によると、三年間のうちに架橋戦車（当時の用語では工兵戦車）、地雷処理戦車、地雷敷設戦車、その他別の工兵装備（ブルドーザー、クレーンなど）とのありとあらゆる組み合わせが赤軍の武装に加えられることになった。

　1932年の2月に工兵戦車の設計に着手したのは、グトマン技師率いる軍事技術アカデミーの設計者グループであった。このような戦車の最初の試作品はST-26（T-26工兵戦車）と名づけられ、1932年の夏にテストされた。この車両のベースになったのは通常のT-26戦車で、その一つの機銃砲塔が残され、車体の中央に取り付けられた。全長7mの金属製の軌道橋は、専用の支承装置に取り付けられた。本車が開発されたのは、T-27やT-26やBTが全幅6〜6.5mまでの溝や水利障害物、高さ2mまでの垂直壁や傾斜壁を乗り越えるためである。障害物への架橋はロープでウインチを使って25〜40秒の間で行われた（戦車のエンジンの伝動装置を利用）。このとき乗員（2名）は戦車の中に残っていた。

　秋には引き出し架橋式のST-26のテストが実施され（障害物への架橋には特別設計のフレームを使用）、1933年の3月にはダンプ式架橋のST-26（最初のタイプを改良したもの）もテストされた。これら3両のST-26は1933年の夏にレニングラード軍管区トーツク宿営地での演習に参加した。その結果、量産化するのはダンプ式架橋の戦車に決まった。他のタイプと比べてより信頼性があり、より簡素だからである。

　ソ連国防委員会の決定により、1933年の末までに工業部門は軍に100両のST-26を納めねばならなかった。しかし、作業は遅々としていた――1934年に軍は44両のST-26を、その翌年にはさらに20両を受け取ったに過ぎない。だがこの間の工兵戦車の部隊運用

の経験は、それらの信頼性があまり高くないことを示していた——架橋の際にしばしばロープが切れ、固定具の支柱が曲がってしまっていた。これらすべての問題を踏まえ、労農赤軍工兵技術科学研究所（NIIIT）はギプスタリモスト工場のヴァイソン、ニェーメツ、マルコフといった設計者たちと共同で、いわゆる"レバー式"のUST-26（工兵戦車T-26改）を開発、製造した。この戦車の架橋作業は、水圧シリンダーによって作動する2本のレバーを使って行われる。1936年3月に実施されたテストは、量産型のST-26に対するUST-26の一連の優位性を明らかにした——たとえば、橋を戦車に戻して収納する作業は、乗員がUST-26の車外に出ることなく行うことができた。ただし、新型車両も多くの欠点を抱えていた。

1936年の末に、この当時設置された労農赤軍工兵技術科学研究所の工兵戦車課はギプスタリモスト工場と共同で、より優れたレバー式工兵戦車の設計案を作った。この車両はオルジョニキッゼ記念ポドリスク機械製作工場で1937年の7月に製造され、同年9月まで工兵技術科学研究所の試験場でテストが行なわれた（橋の架設、引き揚げが85回繰り返され、その上を70両のBTとT-26が通過した）。翌年このST-26はクビンカ機甲科学研究所でテストされ、レニング

20：鹵獲されたソ連軍のKhT-26戦車はヴァルカウスの修理工場に運ばれた。1940年春。砲塔前部には対戦車砲による貫通弾痕が見える。フィンランド軍は鹵獲したKhT-26戦車を教習車両としてのみ使用し、しかも火炎放射器を取り外していた。（E・ムーイック（E.Muikku）氏所蔵の写真）

ラード軍管区での戦車による工兵障害物踏破演習に参加した。それらの結果、1939年にこの工兵戦車をある程度の数生産する決定がなされた。しかしながら、ポドリスク工場が出荷することのできたレバー式ST-26はわずかに1両のみであった。

工兵戦車の設計はT-26軽戦車だけをベースにしたわけではない。1934年には労農赤軍技術局がBT快速戦車に9mの金属橋を搭載したSBT（工兵快速戦車）の開発に着手した。翌年、砲塔を外したBT-2をベースにしたSBTはテストされ、その結果労農赤軍工兵技術科学研究所工兵戦車課は、ギプスタリモスト工場の技師たちが開発したレバー装置を備えた新型のSBT（BT-2をベース）を生み出した。

このタイプのSBTには、BTの標準砲塔の代わりにT-37の砲塔が取り付けられた。車体に橋用の設備があるため、この戦車の砲塔機銃の射界は狭まった。橋の架設と収納は、乗員が戦車から出ることなく行なうことができた。

1937年の5月から10月にかけて実施された工場と演習場でのSBTのテストでは、架橋作業（架設と収納）が81回繰り返され、橋の上を58両の戦闘車両が通過した。これらのテストは、BTやT-26による幅9mまでの天然、人工障害物の克服を可能にする手段としてSBTが使えることを示した。1938年にはSBTの部隊テストを実施するため、5両を製造するよう考えられていたが、1939年の年末までに納車されたのはたったの1両（BT-5ベース）であった。

1936年、自動車トラクター科学研究所（NATI）は重戦車旅団に配備するT-28ベースの技術戦車（IT-28）の設計に取り掛かった。しかし作業は非常に長引き、IT-28が出来上がったのは1940年の夏のことであった。

同じころ、戦車用に地雷処理ローラーの開発作業も進められ、また各種の木橋、溝や壕を通過するための木や枯れ枝の束柴、沼地踏破用の覆帯とカーペット、有刺鉄線を解除する装備、路面整備用の懸垂式ブルドーザー、その他多くのものがテストされていった。

このように冬戦争勃発当時の赤軍戦車部隊は特別の工兵装備は持ち合わせていなかった。唯一の例外は工兵戦車である——1939年11月30日の時点で戦車部隊には全部で70両のST-26（試作車両も含む）と3両のSBTがあった。しかし、戦闘行動の過程で前線にいた工兵戦車は15両を超えなかった。

冬戦争の中で各戦車旅団には、主に工兵からなる障害物除去隊が編成された。いくつかの障害物除去隊では工兵戦車が運用された——SBT工兵快速戦車1両（第13軽戦車旅団）とレバー式およびロープ式ST-26工兵戦車（第35軽戦車旅団）である。たとえば、1940年2月18日の65.5高地突撃の際に第35戦車旅団のST-26は2本の戦車橋を塹壕と溝に架けた。同旅団隷下のある大隊の車両は戦闘

21：火焔放射を行う第210独立化学大隊のKhT-130戦車。カレリヤ地峡、1940年2月。(ロシア国立映画写真資料館所蔵：以下、RGAKFDと略記)

22：ヴォロシーロフ記念第174工場の中庭に立つKhT-130戦車。(ASKM)

の中でこれらの橋を首尾よく渡ることができた。

　戦闘行動の過程で最も良い結果を出したのはレバー式の架橋戦車であり（SBT工兵快速戦車1両とオルジョニキッゼ工場製のST-26工兵戦車1両)、かなり積極的に使用された。ロープ式のST-26架橋戦車は作業の信頼性が低く、運用も限定的だった。

27

■化学戦車
ХИМИЧЕСКИЕ ТАНКИ

　1932年3月11日、ソ連革命軍事会議は「防御に就いた敵歩兵との戦闘に用いる化学兵器等の機械化旅団への付与」についての決定を採択した。これに従い、労農赤軍軍事化学局には「発煙装置、火焔放射器、毒物汚染装置を装備したKhT-26化学戦車の試作品を開発する」よう命じられた。戦車用の化学戦装備の開発作業はコンプレッソル工場設計局に委ねられた。

　T-26軽戦車をベースとしたBKhM-3化学戦闘車の最初の試作品は、労農赤軍化学試験場で1932年6月1日から同7月15日にかけてテストが実施された。それは外見上は、左側の砲塔を外した標準型のT-26戦車1931年型であった。この砲塔の代わりに車体には火焔放射用、発煙用、毒物汚染用、有毒ガス中和用など、車両の用途にしたがって400リットルの容積のタンクが搭載され、さらに圧縮空気ボンベ3本とホース・バルブ装置が置かれた。右砲塔には圧縮空気式の火焔放射ノズルやDTデクチャリョフ戦車機銃が個別に取り付けられ、車体尾部には有毒物質や有毒ガス中和剤のスプレーまたは発煙装置が装着された。重油と灯油の混合液の火焔放射距離は30～40mであった。テスト結果は良好で、翌年にはKhT-26（化学戦車）の制式名で武装に採用された（当時の文書にはBKhM-3とKhT-26の両方が見られるが、本書では便宜上後者を用いる）。1933年から1936年にかけてソ連の工場は15両のKhT-26を製造した。

　1938年にはより近代的な化学戦車KhT-130の生産が始まった。これはT-26軽戦車1933年型をベースにして設計されたものである。砲塔は右のほうに移され、KhT-26と同じく砲塔の左側に特殊装備が配置された。火焔放射器の設計は改良され、噴流の放射距離は50mに達した。1939年の末までにソ連の工場は324両のKhT-130を出荷し、その後はT-26戦車1939年型をベースにしたKhT-133が取って代わった。

　化学戦車は機械化旅団（後に戦車旅団）の戦闘支援中隊の武装として、また1935年以降は独立化学戦車大隊の武装として支給された。これらの大隊は化学戦車旅団の編成に使われた。1939年当時の労農赤軍には3個の化学戦車旅団があった（極東、ヴォルガ河、モスクワ軍管区に駐屯）。しかもそのうちの2個は遠隔操縦戦車大隊を各1個保有していた。というのも、テレタンクも火焔放射器を武装に持っていたからである。

　対フィンランド戦争においては戦車旅団戦闘支援中隊のほかに、5個の独立化学戦車大隊（第30および第36戦車旅団隷下の第201、第204、第210、第217、第218）も参戦した。戦闘行動の中で化

23：戦闘後の第210独立化学戦車大隊の戦車（KhT-133と1両のKhT-134）。増加装甲板を持つKhT-134だけがこれらの車両のなかで唯一、冬季迷彩を施されている。カレリヤ地峡、1940年3月。（CAFM）

24：1940年の夏にクビンカでテスト中のKhT-134戦車。車体前面上部の火焔放射器が良く見える。本車はカレリヤ地峡での戦闘を経てからクビンカに到着した車両である。テスト前の重量軽減のため、車体からは増加装甲板が取り外されているが、その代わり砲塔の増加装甲板がとてもはっきり見える。（ASKM）

25

26

25，26：65.5高地地区で撃破された第217独立化学戦車大隊所属のテレタンクTT-26。1940年2月。本車の二色迷彩がはっきり見え、また砲塔天蓋には2つのアンテナ基部が認められるが、これはTT-26にのみ特徴的なディテールである。（ASKM）

学戦車が非常に効果的だったのは、フィンランド軍の防御施設との戦いにおいてである。しかしながら、化学戦車は通常の戦車よりも弱点が多く、損害も大きかった。たとえば、「フィンランド前線における機甲局旅団の活動に関する報告」には次のような指摘がある——正規のT-26と比較して化学戦車の機能喪失率ははるかに高い。報告書類によると、正規戦車部隊の戦闘損害発生率が14.9％であるのに対して、化学戦車大隊のそれは34.3％にもなる。その理由は、火焔放射液入りのタンクに砲弾の破片が命中すると火災の発生が避けられないことである。火焔放射液が大量に残っている場合、化学戦車の火災は15〜20時間も続き、その温度はクランクケースやギアボックス、そして安全ガラスまで溶けてしまうほどのレベルに達する。

27，28：遠隔操縦戦車班「ポドルイヴニク」。27は有人の制御戦車と28は無人テレタンク。縮尺1/35。（訳注：「ポドルイヴニク」とは「爆破する者」の意味）

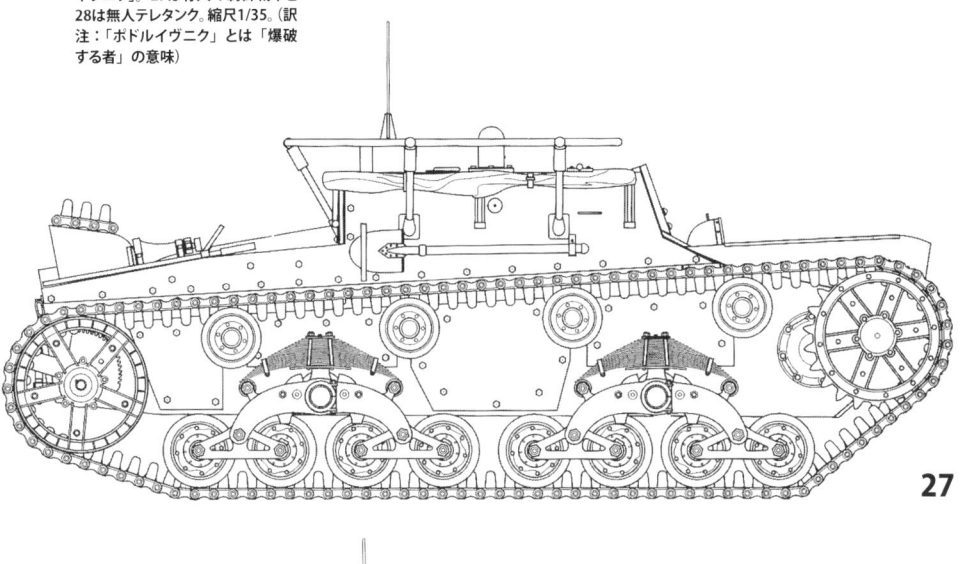

27

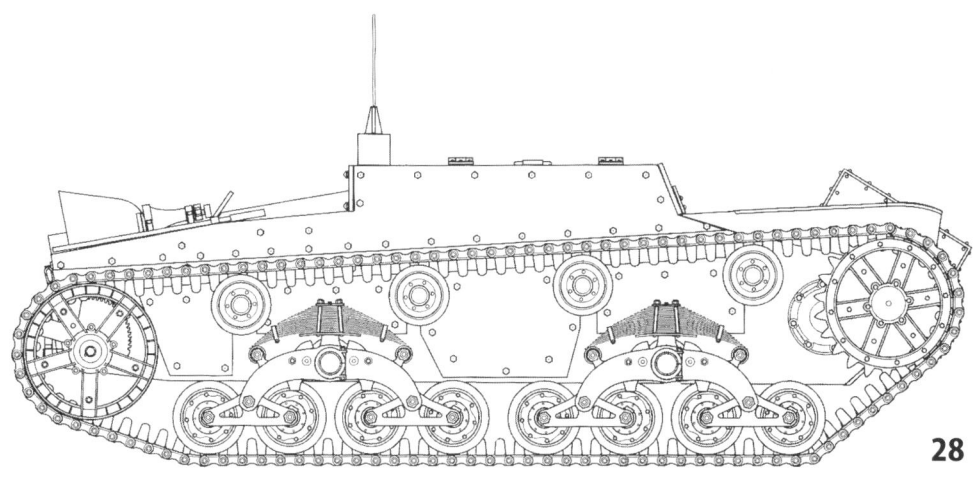

28

29, 30：カレリヤ地峡での遠隔操縦戦車班「ポドルイヴニク」のテスト、1940年3月。写真29はテレタンク、写真30は制御戦車。(N・ガヴリルキン氏所蔵の写真)

そのため、損害補充のため工場から直送されてきたKhT-133の一部は、厚さ30〜40mmの増加装甲が施されていた。また、火焔放射距離の短さゆえに、化学戦車は100m以上先の目標を破壊することができなかった。1940年の初頭に第174工場は2種類のKhT-134を造った。これは通常のT-26戦車1939年型の車体前面上部装甲板に火焔放射器を取り付けたものである。火焔放射混合液が入ったタンクは砲塔基台の後部装甲板に配置された。両方の戦車とも第210化学戦車大隊に支給されて戦闘に参加し、このうち1両は撃破された。前線の化学戦車の数は増え続けていった。1939年11月30日の時点で戦車旅団の全5個大隊と戦闘支援中隊には208両のKhT-26とKhT-130があったが、戦争の過程でヴォロシーロフ記念工場からは168両の新品戦車（KhT-133が165両に、2両のKhT-134と1両のKhT-130）が届き、また他の軍管区からも70両のKhT-26とKhT-130が到着した。カレリヤ地峡では290両が行動し、そのほかは第8軍戦区と第15軍戦区に投入された。戦闘に参加した446両の化学戦車から124両の損害が発生し、そのうち24両は全損となった。化学戦車の整備、修理のために1月18日にカレリヤ地峡に第302修理復旧大隊が到着した。冬戦争の終結までにこの大隊が修理した車両は59両、回収したのは69両を数えた。

　化学戦車は様々な欠点はあったものの、冬戦争においては総じてその長所をよく発揮した。

■遠隔操作戦車（テレタンク）
ТЕЛЕУПРАВЛЯЕМЫЕ ТАНКИ

　無線で操縦できる無人戦車（当時の用語では「遠隔操縦戦車」または「テレタンク」）のソ連における開発は1920年代の末、有線通信中央研究所設計局において始まった。1930年2月2日、特別なリモコン装置「レカー1」を装備したルノーFT戦車の最初のテストがレニングラードの郊外で実施された。

　このテレタンク（以降のすべてのテレタンクも）の作動原理は次のとおりである。無線送信される指令が、戦車に設置された特別装置で受信される。この装置は無線指令を機械指令に変換し、機械指令は圧縮空気の力で戦車を操縦するレバーやペダルに作用する。

　その後の二年間に、赤軍の武装として使用可能な実用性あるテレタンクの開発作業が集中的に進められた。有線通信中央研究所のほかに、通信・電気工学試験研究所と特別技術局もテレタンクの開発に動員された。リモコン装置がT-27豆戦車、MC-1歩兵随伴小戦車、T-26軽戦車に取り付けられた。テレタンクの戦闘運用の可能性を研究するため、レニングラード軍管区では1932年の夏に特別部隊、「第4隊」が編成される。第4隊は1933年の1月と10月に、有線通信

中央研究所と通信・電気工学試験研究所、特別技術局がそれぞれ開発したリモコン装置を搭載した各種テレタンクの大々的な演習を実施した。これらの演習は、リモコン装置の信頼性が飛躍的に向上し、戦車がすでに24種に上る様々な指令を遂行可能なことを示した。この時までに、テレタンクと一緒に行動する制御戦車も開発された。それらは外見上は正規の武装を持った標準的な戦車であるが、乗員がテレタンクに指令を送ることができる装置を備えている（それまではテレタンクの操縦は固定された操縦盤で行われていた）。テレタンクは制御戦車とともに、いわゆる遠隔操縦戦車班をなして行動した。戦闘の際は乗員は制御戦車の中にいて、テレタンクを選定されたルートに走らせる。これは、固定された操縦盤でやるよりもはるかに便利であった。リモコン装置をオフにすると（それにたいした時間は要しなかった）、テレタンクは通常の戦車と同じように行動することが可能で、そのためにテレタンクにも乗員が用意されていた。

　1934年に新型戦車のより優れた設計を追及すべく、モスクワでは通信・電気工学試験研究所を核にして第20科学研究所が設立された。この研究所には、テレタンクに関する有線通信中央研究所と特別技術局のすべての作業が移管された。1935年に第20科学研究所はT-26戦車用のリモコン装置TOZ-IVを開発し、それは首尾よくテストを通過し、赤軍の装備に採用された。1936年の秋には33組の遠隔操縦戦車班の車両（テレタンク33両、制御戦車33両）が揃った。労農赤軍参謀本部の訓令によると、テレタンクは総司令部予備重戦車旅団に支給されることになった。これらの車両は地雷原や対戦車障害物とその中の通路網の偵察、永久トーチカの破壊、火焔放射、煙幕展開、撃破された戦車からの乗員の避難、といった用途に使用することが想定されていた。

　1937年に第20科学研究所ではスヴィルシチェンスキー技師の指揮下でT-26戦車用リモコン装置TOZ-IVの改良型が開発された。翌年の間に第192工場はこの装置を搭載した28組の遠隔操縦戦車班の車両（56両）を生産した。これらの車両は特別に編成された2個の戦車大隊（第217、第152）に配備された（前者は第30戦車旅団に、後者は第36戦車旅団に所属）。

　テレタンクの武装は火焔放射器とDTデクチャリョフ戦車機銃である。テレタンクのKhT-130化学戦車との外見上の違いは、砲塔に2個のアンテナ基部があることだ。

　1939年9月、第152戦車大隊は西ウクライナの"解放遠征"に参加した。ただその時はテレタンクの遠隔操縦は行なわれず、通常の戦車として行動した。

　対フィンランド戦争には第217独立戦車大隊（TOZ-IV搭載T-26）

と第20重戦車旅団第7特殊中隊（TOZ-Ⅳ搭載T-26）が投入された。しかし、地形の起伏が激しく、対戦車障害物網が強大だったため、遠隔操縦は実質的には行なわれなかった。これらの戦車をフィンランド軍の永久トーチカを爆破する目的で使用する試みは失敗に終わった──装甲防御が弱く、目標に接近する前に敵の対戦車砲にやられてしまっていた。このため、障害物や永久トーチカを爆破する任務を遂行できる車種の開発作業はすぐに中止された。

　1939年12月、軍事電気工学アカデミーは遠隔操作"装軌式陸上爆雷"──覆帯を装着した小さな台車（全長175㎝、全幅95㎝、全高74㎝、重量450㎏、このうち150㎏は爆薬）を開発した。テストでは切り株や灌木、弾痕のある土地での爆雷車の踏破性能が低いことが判明したにもかかわらず、1940年の1月から2月初頭にかけてレニングラードの工場「クラースヌイ・オクチャーブリ」（訳注：「赤い10月」の意味）と工場「クラースナヤ・ザリャー」（訳注：「赤い黎明」の意味）は実働軍にこの爆雷車を100台も送り込んだ。しかし、それらは戦闘には用いられなかった。

　1940年1月の末にはこれと類似の爆雷車がヴォロシーロフ記念第174工場でも造られた。しかしそのテスト結果が悪く、作業は中止された。

　1940年2月、キーロフ記念第185工場の門からA・クラフツォフ2等軍事技師の設計で開発された遠隔操縦戦車班「ポドルイヴニク」が姿を現した（訳注：ポドルイヴニクは爆破する者の意味）。そのベースにはTOZ-Ⅳ搭載T-26が使われ、砲塔と武装は取りはずされた。その代わり、厚さ50㎜の増加装甲と強化型の走行装置が取り付けられた。さらに300〜700㎏の爆薬が入った装甲特別ケースの運搬、投擲、爆破のための設備も付け加えられた。この車両の重量は13〜14tであった。1940年2月28日、「ポドルイヴニク」はカレリヤ地峡に向けて出発したが、戦闘行動には加わらなかった。「ポドルイヴニク」のテストは第217大隊がスンマ地区で行なったが、良好な結果を出した。例えば、5列の対戦車阻止柵が並んだラインに投擲された300㎏の爆薬は、これらの阻止柵を完全に破壊し、幅8mの通路を開いた。また、永久トーチカの正面壁に投擲された700㎏の爆薬は、爆発の際に壁を完全に破壊した。ところが、カレリヤ地峡の諸条件（森林、起伏の激しい土地）の下では、テレタンクを正確に誘導することが不可能であり、そのためには手動の操作が必要なことも明らかとなった。

31：ヘルシンキ軍事博物館に展示されたクルチェフスキー76mm砲（GAZ-TK自動車搭載SPK）。(ASKM)

32：SPK自走砲（GAZ-TK自動車の車台に搭載したクルチェフスキー76mm砲）。縮尺1/35。

■クルチェフスキー自走砲

САМОХОДНЫЕ ПУШКИ КУРЧЕВСКОГО

　1931年、アマチュア発明家のクルチェフスキーが無反動砲の設計を提案した。このアイデアは、赤軍装備の近代化を進めていた名将M・トゥハチェフスキーの支持を獲得し、無反動砲システムの開発作業が大々的に展開された。その展望はきわめて魅力的だった——大口径無反動砲がオートバイや自動車やボートに搭載することができるかもしれない……。クルチェフスキーの下で様々な試作品の開発とテストが繰り返され、それらの口径は37mmからなんと305mmにまでおよんだ！　その一部はかなり大量に量産されることにもなった。しかしこれらの砲はあまりに多くの欠点も持っていた——なぜならば、開発者のクルチェフスキー自身が工学教育を受けていなかったからである。1937年にクルチェフスキーが粛清されてから、彼のシステムに関する作業はすべて中止された（訳注：ク

ルチェフスキーの後ろ盾だったトゥハチェフスキーも粛清、処刑された）。

　かなり多種多様におよんだ無反動砲の中に、「クルチェフスキー自走砲」(SPK) と呼ばれるものがあった。それは76㎜砲を自動車GAZ-TKに搭載したものである。この自動車はGAZ-A乗用車に3本目の車軸を追加することで、低コストで踏破性を向上させようとした試みであるが、かなりの失敗作であった。制式名から分かるとおり、この改造車を造ったのもクルチェフスキーその人だった（TK＝クルチェフスキー 3車軸型）。1937年までに赤軍は23両のSPKを受領した。それらは何よりもまず狙撃兵師団偵察大隊に配備されることになっていた。

　この自走砲はソ・フィン戦争においては、第44狙撃兵師団第4独立偵察大隊所属の2両のみ使用された。同師団が包囲、殲滅された後、2両のSPKも弾薬と一緒にフィンランド軍の戦利品となった。風変わりな砲は射撃試験が行われた後、1940年4月6日に他の戦利品とともに外国の記者たちに公開された。1941年春、このうち1両をフィンランドは参考のためにドイツに提供した。もう1両は現在もヘルシンキの軍事博物館に展示されている。

　ソ・フィン戦争は、クルチェフスキーの砲が使用された唯一の軍事紛争となったようだ。

■フィンランド軍の戦車部隊
ТАНКОВЫЕ ЧАСТИ ФИНЛЯНДИИ

　フィンランドに最初の装甲兵器（装甲列車と装甲車）が登場したのは、1918年の内戦のときである。1919年、フィンランド国防省はフランスからルノーFT-17戦車を購入する決定をした。その年の夏にはすでに34両の戦車（14両は砲搭載型、他は機銃装備型）がヘルシンキに到着した。

　1930年代の初頭にフィンランド軍部は旧式化したルノー戦車に替わる、より近代的な戦車のテストを実施することを決めた。そのためイギリスでヴィッカース6t戦車B型、ヴィッカース・カーデン・ロイド軽戦車1931年型、ヴィッカース・カーデン・ロイド豆戦車Mk Ⅳが購入された。また1937年にはスウェーデンでランズヴェルク182装甲車を入手した。この車両は騎兵師団装甲中隊に支給された。

　1937年の夏、フィンランドはイギリスに32両のヴィッカース6t戦車を武装と光学器具なしで発注した。しかし、複数の理由により契約の履行は長引き、戦車がフィンランドに届いたのは1938年から1939年にかけてのことであった。これらの武装には、旧式化したルノー戦車から取り外された37㎜プトー砲と機銃が使われた。

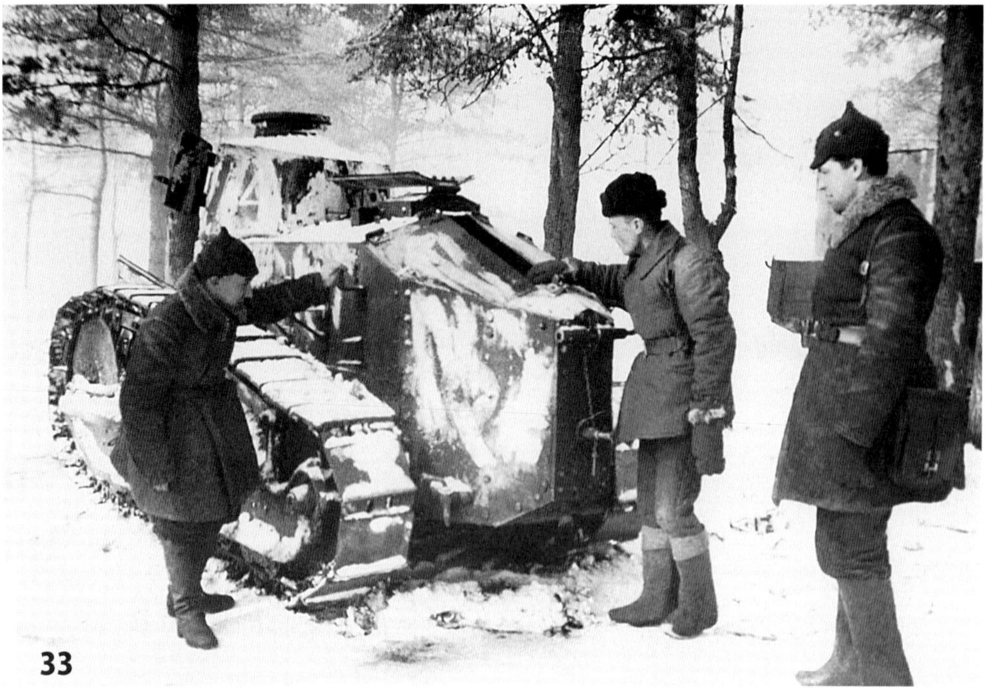

33

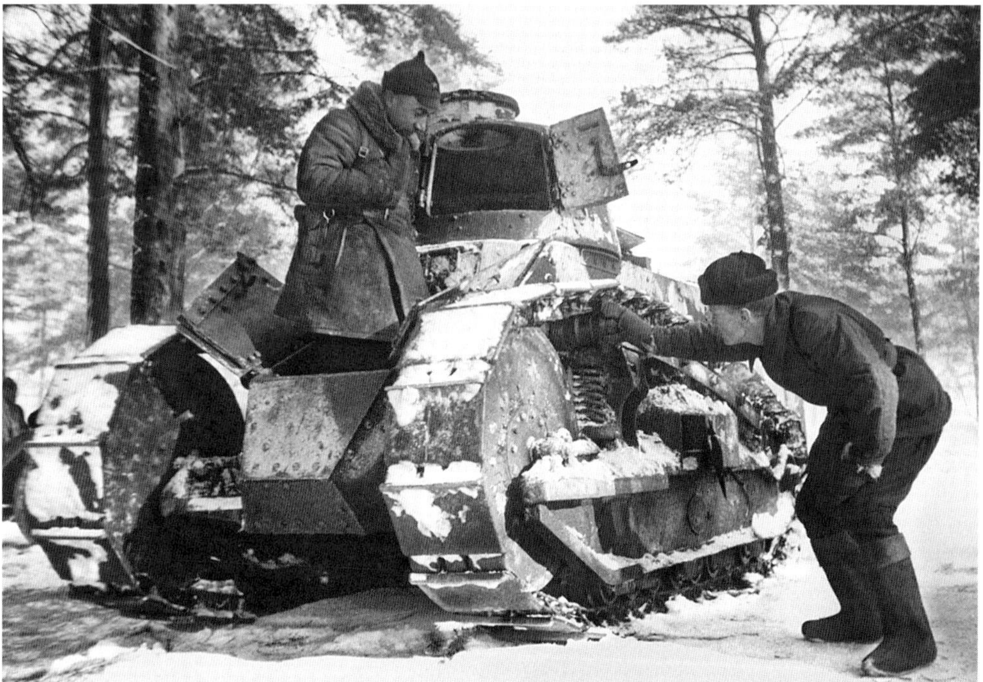

34

33，34：鹵獲したフィンランド軍のルノー戦車を検分するソ連軍の兵士たち。ペロ駅地区、1940年2月。本車は三色迷彩の上から白色の冬季塗装がなされている。(ASKM)

35.1939年秋のラッペンランタに立つランズヴェルク装甲車車体正面の装甲板には騎兵旅団の部隊章である二本の交叉するサーベルが見える。(E・ムーイック (E.Muikku) 氏所蔵の写真)

36：工場テストを受けるフィンランド軍のボフォース37㎜砲搭載ヴィッカース戦車。1939年1月〜2月。(E・ムイック (E.Muikku) 氏所蔵の写真)

37, 38：1940年の春にクビンカでテストされるフィンランド軍のヴィッカース戦車。写真38では戦車の武装、とりわけ車体前面装甲板のスオミ機関短銃用銃眼が良く見える。（ロシア国立軍事公文書館所蔵、以下RGVAと略記）

しかし、この武装は非常に脆弱であることが判明し、VIT国立砲兵工廠に37㎜砲（37㎜ psvk36＝スウェーデンのボフォース砲ライセンス型）が発注された。冬戦争の最中に全部で10両の戦車がこの砲で武装された。ヴィッカース戦車は砲のほかに、7.62㎜ヴィッカース機銃が砲塔の戦車砲の右側に取り付けられ、9㎜スオミ機関短銃も装備された。スオミ機関短銃を車体正面装甲板に取り付けるため、操縦手席の左側に専用の銃眼が設けられた。

　1939年11月30日当時のフィンランド戦車兵力は34両の旧式化したルノー戦車と33両のヴィッカース戦車、ランズヴェルク装甲車1両、豆戦車1両、軽戦車1両、装甲列車2本であった。

　戦車は組織編成上、5個中隊からなる独立戦車大隊に属した──第1、第2中隊（ルノー戦車）、第3、第4中隊（ヴィッカース戦車）、第5教習中隊（豆戦車、軽戦車）、修理所。大隊は全部で約700名の人員を擁し、指揮官はS・ビョルクマン少佐（S.Björkman）であった。

第2部
カレリヤ地峡での戦闘
БОЕВЫЕ ДЕЙСТВИЯ НА КАРЕЛЬСКОМ ПЕРЕШЕЙКЕ

39：前線へと向かう道路の光景──T-26戦車の1939年型と1933年型、それにGAZ-M1とGAZ-AAの自動車が見える。カレリヤ地峡、1939年12月。（CAFM）

軍事行動の推移
ОБЩИЙ ХОД ВОЕННЫХ ДЕЙСТВИЙ

　カレリヤ地峡はソ連、フィンランド双方が前線の最重要部分であると見なしていた。ここにこそ両軍部隊の主力が集中していた。ソ連第7軍（司令官はB・ヤコヴレフ2等軍司令官、1939年12月9日から終戦まではK・メレツコフ2等軍司令官）は、第50および第19狙撃兵軍団、第10戦車軍団、第123、第138、第49、第150狙撃兵師団、第20、第35、第39、第40戦車旅団でもって主攻撃を担い、12～15日間でフィンランドの防御陣地を突破し、ヴィボルグ（フィンランド語名称・ヴィープリ）～ケクスホルムの線に進出し、ペトロザヴォーツク方面で進撃中の第8軍部隊と合流し、それからヘルシンキ向けて進撃する任務を負っていた。

　赤軍部隊に対峙したのはカレリヤ地峡軍で、第Ⅱ、第Ⅲ軍団および防御部隊（防御部隊は12月初頭に第1歩兵師団に改編）から構成

されていた。冬戦争勃発以降、防御部隊は遅滞戦闘を行ないながら後退を始め、道路に地雷を設置し、障害物やバリケードを築いていった。住民は後方に避難し、大半の建物が赤軍部隊に利用されないように焼かれた。

　攻撃する赤軍部隊は兵力の数では圧倒的な優位にあったにもかかわらず、その足取りは一日に5～6km（計画の半分以下の割合）と非常に遅々として進まなかった。道路が少ないことと、移動がうまく組織されていなかったことが渋滞につながり、多くの部隊が進路から逸脱してしまった。赤軍部隊は夜間は戦闘をやめ、防御に移っていた。

　そのような中で最も大きな成果をあげたのが第7軍右翼部隊で、ここではフィンランド軍部隊はタイパレ河（ヨキ）とスヴァント湖（ヤルヴィ）を越えて主防衛線まで後退を余儀なくされた。そこで前線の突破はここで行なうことが決定された。そのために12月4日、第49、第150狙撃兵師団に加え、第142狙撃兵師団1個連隊、第10戦車軍団、複数の砲兵連隊からなる作戦集団がV・グレンダリ軍団司令官の下に編成された。同集団の任務は、ケクスホルム地区にいるフィンランド軍部隊の翼部と背後に進出することであった。しかし、これらの部隊はフィンランド軍の防御を突破することができず、12月8日にいたって作戦は中止された。

　12月13日までにはソ連軍部隊の主攻撃方面が定まった——レニングラード～ヴィボルグの街道および鉄道沿いに進撃することとなった。前線の突破は第50狙撃兵軍団部隊でもって実行し、その後の戦果の拡大は第10戦車軍団の戦車でもって進めていくことが計画された。進撃の開始は、部隊の再編成のため数日間遅らされた。

　12月17日、狙撃兵師団3個が第20重戦車旅団の支援を受けながら、スンマ～ホッティネン地区と65.5高地地区（ラハデ駅方面）のフィンランド軍防御の突破を試みた。12月17日から同20日にかけてここでは血みどろの激戦が繰り広げられた。第20重戦車旅団の戦車兵たちは二度、フィンランド軍の防御陣地を突破して、その後方に出ることに成功した。しかしソ連軍歩兵は戦車から分離され、戦車部隊が達成した成果は歩兵なしで確保することはできなかった。

　12月21日にいたり、ソ連軍司令部は進撃が結果を出さずに息切れしてしまったことを悟った。状況を有利と判断したフィンランド軍司令部は、攻勢に移り、敵を叩くことを決断した。そのためカレリヤ地峡軍は予備兵力の第6歩兵師団によって増強された。12月23日に始まったフィンランド軍の攻撃には、カレリヤ地峡にいた7個師団のうちの5個が参加した。ところがソ連第7軍は迅速に対応措置をとり、フィンランド側の攻勢はすぐにストップした。

12月27日にはカレリヤ地峡は静かになった。赤軍司令部にとっては、早期のフィンランド軍殲滅は叶わないことがはっきりした。これまでの戦闘で諸部隊は大きな損害を出し、部隊の指揮と補給の面で多くの欠点が露呈し、部隊には厳冬下の戦争に備えた訓練が不足していることが判明した。それゆえ進撃を停止し、マンネルヘイム線突破に向けた準備をしっかり行なうこととなった。部隊の指揮、管理をより柔軟にするため、12月26日にグレンダリ集団は第13軍に改編された。そして第7軍と第13軍の行動を統合するため、1940年1月7日に北西方面軍が編成された（方面軍司令官はS・チモシェンコ1等軍司令官、参謀長はI・スモロヂノフ、軍事審議官はA・ジダーノフとA・メーリニコフ）。1940年の1月から2月初めの間、北西方面軍ではマンネルヘイム線の突破に向けた強化訓練が行なわれた。このとき方面軍は12個の狙撃兵師団のほか、戦車大隊、スキー大隊、砲兵連隊など多数の部隊で増強された。隷下部隊は防御陣地突破の猛特訓を受け、歩兵、工兵、戦車兵間の連携が調整されていった。酷寒の到来とともに、防寒対策を整えた半地下小屋が建設され、暖房拠点が設置されていった。また、前線将兵たちの食事のカロリー数値を高めるため、1940年1月から砂糖の消費レベルが引き上げられ、毎日の配給食糧にサーロと100gのウオッカが加えられた（訳注：サーロとは、獣脂の固まりに塩や胡椒をまぶした伝統食品）。赤軍部隊は常に局地的な戦闘を行ない、フィンランド軍部隊を疲弊させ、その防御陣地体系を破壊しようとしていた。

　北西方面軍の攻勢は1940年2月11日に始まった。主攻撃はこれまでどおりレニングラード～ヴィボルグ間の街道と鉄道に沿って行なわれた。2月13日にソ連第7軍第123狙撃兵師団部隊は第20重戦車旅団の支援を受けつつ、65.5高地地区のフィンランド軍主防衛線を突破した。フィンランド第5歩兵師団部隊の反撃は成果をあげなかった。K・メレツコフ第7軍司令官は攻勢を拡大するため、突破口に歩兵跨乗戦車の機動部隊を繰り出すよう命じた（第7軍の中でこのような機動部隊が3個編成された）。2月14日の夕刻には突破口の幅は5km、縦深は6kmに広がった。翌日、マンネルヘイムはフィンランド軍部隊に中間防衛線まで後退することを命じた。2月17日にはマンネルヘイム線がソ連第7軍地帯で全縦深にわたって突破、貫通された。

　2月22日になると第7軍部隊はマンネルヘイム線中間防衛線に到達したが、これをすぐさま突破することはできなかった。彼らは幾日にもわたる戦闘で疲弊しきっており、補給も乱れていた。そのためチモシェンコ北西方面軍司令官は部隊再編成のため進撃停止を命じた。

　2月27日、進撃が再開され、翌日にはフィンランド軍部隊は後方

40：回転式高射機銃座P-40を持つT-26戦車の乗員が上空の敵を監視している。ペルクヤルヴィ地区、1939年12月15日。(CAFM)

防衛線とヴィボルグ防衛線へ後退を始めた。

　2月29日にS・チモシェンコは北西方面軍部隊に対して、「フィンランドの防御を完全に突破し、カレリヤ地峡を防衛する部隊を殲滅せよ」との命令を発した。3月3日にはK・メレツコフ第7軍司令官は、第28狙撃兵軍団部隊に氷結したフィンランド湾を渡らせ、ヴィボルグ～ヘルシンキ間の道路を遮断せよとの命令を受領した。3月4日に同軍団部隊はフィンランド湾を渡り、3月8日にはヴィボルグからヘルシンキに至る主要道路を遮断した。カレリヤ地峡のフィンランド軍部隊は窮地に陥った。

　ヴィボルグには第7軍部隊は3月1日に接近し、3月11日には同市を巡る戦闘が始まった。このときすでにソ連とフィンランドの間で停戦交渉が進められていた。それゆえマンネルヘイムは交渉におけるフィンランドの立場を弱めぬよう、部隊には撤退を許さなかった。

ソ連軍司令部もまた進撃を続けさせ、ヘルシンキへの道は実質的に
ひらけていることをフィンランド軍に知らしめようと努めた。3月
12日、フィンランド指導部は軍が完全なる壊滅の淵にあると判断
し、翌13日にかかる夜にモスクワで講和条約が結ばれた。軍事行
動は1940年3月13日1200時に終結した。

労農赤軍戦車部隊の行動
ДЕЙСТВИЯ ТАНКОВЫХ ВОЙСК РККА

　カレリヤ地峡での赤軍戦車部隊の行動は三段階に分けることがで
きよう。最初の段階は1939年11月30日から1940年2月1日までの
マンネルヘイム線の前衛地帯突破と主防衛線への進出、第二段階は
1940年2月1日から同25日にいたるマンネルヘイム線主防衛線の突
破準備と突破、第三段階は1940年2月28日から3月13日にかけて
の突破口の拡大とヴィボルグへの突撃、である。

　対フィンランド国境を越境した時点の第7軍地帯にいた戦車部隊
はかなりの数にのぼった。狙撃兵師団9個に対して戦車軍団1個と
戦車旅団4個、独立戦車大隊10個の合計1,569両の戦車と251両の
装甲車がいた。第10戦車軍団と第20重戦車旅団は単独で作戦行動
し、他の旅団は大隊単位で各狙撃兵師団に分散された。

41：戦場に向かうT-26戦車1939
年型。カレリヤ地峡、1940年2月。
本車は白色に塗り替えられ、車体
左翼には雨溝を通過するための束
柴が積まれている。（ASKM）

42：戦闘任務を確認するT-26戦車の乗員たち。カレリヤ地峡、1940年2月。（ASKM）

　戦車旅団はすべて正規部隊で戦車乗員たちは射撃訓練と戦術訓練を充分積んでいた（第2予備戦車連隊から編成された第40戦車旅団を除く）。とりわけよく訓練されていたのは操縦手である。兵員も将校も政治将校もみなお互いをよく知っており、それは戦闘状況下において軽視できないポイントであった。しかしながら、歩兵や砲兵との連携はあまりよく調整されておらず、偵察活動も低レベルであった。

　戦闘車両の状態は満足できるものであったが、一部の旅団の兵器は1939年10月のエストニア、ラトヴィア国境進出からカレリヤ地峡に転戦する際の行軍が500～800kmにおよんだため、ひどく消耗していた。

　狙撃兵師団隷下戦車大隊は弱体のまま、準備も整わないまま戦争に突入した。兵員は互いに見ず知らずの面々ばかりであった。部隊間の相互連携の調整は、戦車旅団に比べて一層悪かった。これらの大隊の戦車はばらばらな主に旧式の車種が混在し、その多くが修理を必要としていた。狙撃兵連隊と狙撃兵師団の指揮官たちの大半は

43：戦争の初日、最初の損害——衛生兵が負傷兵を救助している。その後ろには砲塔に尖軸形のアンテナを持つT-26戦車1939年型がとまっている。カレリヤ地峡、1939年11月30日。雪の少なさが注目される——しかし数日後に大雪が待っていた。（CAFM）

戦車戦の性格をまったく理解しておらず、装甲兵器の可能性についても無知であった。そのため戦闘行動が始まると、狙撃兵部隊の指揮官たちは配下の戦車大隊を本部や指揮所の警備、部隊代表者たちの派遣に使用し、なかには薪の運搬とサウナ風呂の警備に用いるケースもあった。歩兵自身は、あたかも「いかなる防御施設も破壊し、いかなる敵も殲滅するこのできる」という、戦車の無敵の能力を信じ込まされていた。

　初期の戦闘においては、赤軍部隊内では"ポーランド"気分が支配的だった。1939年9月のポーランド"解放遠征"のときのように敵の抵抗は最小限にとどまり、「破竹の前進は、白色フィンランドの側から特別な抵抗には遭わないだろう」と、多くの者が考えていた。ところが、フィンランド軍の強大な障害物帯を利用した積極的な防御戦闘は、すでに開戦当初から赤軍の進撃テンポを大きく低下させた。そしてこのときになると、赤軍歩兵は戦車がいなければ、たとえ砲兵の支援があっても攻撃に出て行かないことも分かった。主防衛線に向かう進路全体にわたって、歩兵が戦車に遅れることは常態となっていた。戦車兵たちは自分たちで掩護射撃を行ないながら対戦車阻止柵や傾斜壁のなかに進路を啓開し、目標を捜索しては破壊し、それから友軍歩兵のところに戻って行って彼らを前に進ませようとした。総じて、赤軍内の各種兵科間の相互連携が悪かったこと

44：歩兵とともに攻撃線に進出するT-26戦車。カレリヤ地峡、1940年2月。本車は砲塔ハッチも含めて全体が、とても丁寧に白色に塗り替えられている。(ASKM)

45：戦闘作戦に出発する直前の第20重戦車旅団所属のT-28戦車。カレリヤ地峡、1940年2月。(RGAKFD)

が、冬戦争初期の頭痛の種であった。

　たとえば、リポラ地区では第35戦車旅団と第90狙撃兵師団独立戦車大隊の間に打ち合わせがなかったため、前者が後者を誤射し、3両の車両を射撃し、5名の兵員を負傷させた。同じ原因で1940年2月の初頭に第20重戦車旅団の戦車兵たちは、一緒に連携行動をとるはずの友軍歩兵を掃射し、犠牲者を出させた。相互連携の問題が調整されるようになったのは、マンネルヘイム線主防衛線の突破が始まるころになってからのことだった。

　開戦当初、第7軍司令部は第10戦車軍団を単独で用いようと考えていた。同軍団の戦車はキヴィニエミに到達の後、ヴオクシ河を渡河して西に向きを変え、カレリヤ地峡のフィンランド軍部隊を包囲させることが想定されていた。軍団は旅団単位で行動し、戦車は狙撃兵機銃大隊で強化された。しかし、障害物帯が強大で、赤軍戦車がキヴィニエミに付いたのはようやく12月5日のことであった（10回におよぶ対戦車壕と傾斜壁、20列もの対戦車阻止柵を乗り越えた）。このときすでにフィンランド軍はヴオクシ河の橋を爆破しており、赤軍側の奇襲性は失われ、フィンランド軍の背後への戦車電撃戦は実現しなかった。翌日、同軍団は第7軍の予備に回された。

　12月13日には赤軍部隊はマンネルヘイム線の主防衛線に進出した。しかし、進出後これをすぐさま突破することには失敗した──偵察が悪かったために、防御陣地の特徴について進撃部隊は知らなかったのである。12月16日に第138狙撃兵師団長は第50狙撃兵軍

46：レニングラードの労働者たちからのプレゼントを受け取るT-26戦車1933年型の乗員たち：（左から）S・スカチコフ操縦手、N・セレダー車長、政治将校のP・ボグロフ（カレリヤ地峡での戦功により軍事赤旗勲章受勲）、R・ムラシェフ砲塔射撃手、A・ロバノフ操縦手。カレリヤ地峡、1939年12月。（CAFM）

47：攻撃中の第39軽戦車旅団所属のT-26戦車1937年型（砲塔が円錐形で、その下に側壁が垂直な砲塔基台を有する）。カレリヤ地峡、1939年12月。(CAFM)

団司令部に対して、「前方に要塞地帯は皆無で、敵はホッティネンを放棄して退散」と報告した。軍団司令官のF・ゴルデンコ師団長はこの報告をチェックせずに、準備砲撃を中止して道路を開放し、第10戦車軍団を追撃のために通過前進させる命令を出した。このことを知った労農赤軍機甲局長、D・パヴロフ2等軍司令官はみずから戦場に赴き、第138狙撃兵師団の歩兵は夜間に移動し、掩護なしに取り残された砲兵がフィンランド軍部隊の猛射を浴びている事実を突き止めた。そこで状況把握のために前進させられた2個の戦車中隊は、よく考えられた射撃システムによって掩護された強大な永久トーチカと対戦車障害物が待ち構えていることを発見した。信じられないほどの努力をしてようやく、攻撃に出ていた第1、第13戦車旅団の隷下大隊を引き止め、確実視された壊滅を回避させることができた。

　12月17日、弾幕射撃を行なう砲兵に掩護されて、戦車と歩兵が攻撃を発起した。毎回攻撃は、フィンランド軍が機関銃と迫撃砲の射撃を開始すると、ソ連歩兵は戦車を見捨ててパニック状態で壊走するパターンで終わった。もし、戦車が獲得した地区を歩兵が固めることができたとしても、夕闇が訪れると歩兵は後戻りしてきた。歩兵の指揮官たちは配下の兵員たちに対して大きな不信感をいだき、歩兵の任務を戦車兵に課し、その遂行を銃殺刑で脅しながら要求した。たとえば、第40戦車旅団の報告には第24狙撃兵師団隷下

51

48

49

48：戦場に向かうT-26戦車1939年型。カレリヤ地峡、1940年2月。本車は白色に塗り替えられ、砲塔側面には"００"の戦術章があり、車体尾部には雨溝を乗り越えるための束柴が積まれている。(ASKM)

49：自動二輪車TMZで報告書を第13軽戦車旅団に届けている。ソ連北西方面軍、1940年2月。(CAFM)

50：攻撃を間近に控えたT-26戦車の乗員たち。カレリヤ地峡、1940年1月。（CAFM）

51：戦闘中の第210独立化学戦車大隊所属のKhT-26戦車。ソ連北西方面軍、1940年2月。（ASKM）

連隊長が戦車に夜間戦闘警備を担当するよう命じた——「敵の阻止柵の近くにいて歩兵を警護せよ、もし離脱すれば貴官たちに向けて手榴弾を投擲するよう命ずる」。第138狙撃兵師団地帯では12月23日にかけての夜間に第35戦車旅団の戦車が狙撃兵連隊と師団の本部を敵の小部隊からの攻撃に備えた警備任務に就かせられた。というのも、ソ連軍の歩兵部隊は秩序を乱して自分たちの陣地を放棄していたからだ。

スンマ～ホッティネン地区での攻撃は12月20日まで続いたが、成果をもたらさずに終わった。その主な原因は、歩兵の訓練が悪く、歩兵が前進したがらないことであった。たとえば、12月19日に第20戦車旅団の2個大隊は友軍の準備砲撃の下を文字通り"匍匐しながら"2本の障害物帯を通過し、フィンランド軍の防衛の要衝の両側に布陣して3kmほど奥深くに侵入し、事実上主防衛地帯を突破した。そこで戦車兵たちは第138狙撃兵師団の歩兵にトーチカ占拠のために前進を要求したが、フィンランド軍が迫撃砲で射撃しだすと、赤軍歩兵はパニック状態で撤退した。しかもこのときフィンランド軍部隊も士気阻喪の状態で、ソ連歩兵に対して機関銃射撃さえできなかったにもかかわらずにである。だが、ソ連戦車が単独で行動しているのに気づいたフィンランド軍部隊は対戦車砲を引き出してきて、両翼と後方から戦車を撃ち始めた。第20戦車旅団の隷下大隊は暗くなるまでフィンランド軍陣地の奥深くで戦闘を続けていたが、その後29両の戦車を失って撤退した。

この間、他の戦車旅団は歩兵指揮官たちの命令に従って猛攻を繰り返していた。しかも実質的にどこでも歩兵は攻撃に出て行かなかった。たとえば12月8日のヴァイシャネン攻撃の際、「攻撃前進！」の合図が出された後、第40戦車旅団の車両は前進を始めたが、歩兵は伏したまま「ウラー（万歳）！」と叫んだだけで、戦車の後に続くことはしなかった。このような歩兵の態度に憤激した第112戦車旅団長は第123狙撃兵師団の政治課長に詰問した——「本当にわが歩兵はこんな臆病者ばかりですか？」そればかりか、戦車兵は自分たちの部隊の戦車を戦闘に向かわせるだけでなく、しばしば搭乗する戦車から降りて、歩兵を指揮して前進させていた。たとえば、12月17日に第123狙撃兵師団部隊を攻撃に立ち上がらせていた第35戦車旅団長のコシュバー大佐は重傷を負った。

これまでの間に、予備兵力が引き寄せられず、補給態勢が未整備のままで、各部隊が補充もされず、連携行動の仕方も覚えなければ、フィンランド軍の主防衛地帯を首尾よく突破することは恐らく無理なことがはっきりしてきた。それゆえ12月の末には戦車部隊は兵器の修復と戦闘訓練のために後方に下げられた。

1940年の1月に入ると、前線では集中的な戦闘訓練が展開され

た。戦車と歩兵、砲兵、工兵との連携行動の方法が仕上げられていった。戦車旅団の司令部は狙撃兵部隊に優秀な戦車兵たちを派遣して、戦闘において戦車とともに以下に行動すべきを説明させた。歩兵たちは攻撃の際に戦闘車両から分離されないように、これらを装甲の防壁として利用することに慣れていった。多くの赤軍兵たちは敵の全射撃が戦車に集中すると思っていたので、攻撃では戦車から距離をとって進むほうがより安全だと考えていたのである。実際はすべて逆で、フィンランド軍が容易にソ連軍の歩兵を戦車から射撃で分離させていた。

　赤軍兵のこのような先入観を吹き飛ばすため、彼らを雪でできた"トーチカ"に入れ、敵の視点に立って銃眼から戦場を覗かせた。「見ろ、あそこに戦車の後に付いてくる歩兵がいる。自分で考えてみろ、トーチカから銃弾でやっつけるのはどっちが簡単か——戦車から遅れてきている者か、それとも戦車の隣を這ってきている者か」？

　歩兵の行動は深い積雪でひどく困難であった。しかしこの問題には賢い解決法が見つかった。戦車が雪原で攻撃に向かう際、それぞれの車両の後ろには2本の深いが、細いわだち——覆帯の跡が残る。歩兵たちはうまくこの小道を利用し、その中を通ることによって銃弾を避け、戦車の後を匍匐前進していった。この方法は規則化され、操縦手たちは攻撃の際に、後続の歩兵を轢き殺さないように後進を禁じる命令を受領した。戦車部隊は戦闘訓練のほかに局地的な戦闘を行ないつつ、フィンランド軍の火点や障害物を捜索、偵察していった。

1939年11月30日から1940年2月1日の間に赤軍戦車部隊は全部で1,110両の戦車を失い、そのうち540両は戦闘で、さらに570両は機械故障で機能を喪失した。機械故障による損害が大きかった理由は、過度の兵器の酷使、困難な地形条件、兵器の使用期間を超えての使用、そしてもちろん野戦条件下での修理レベルの低さなどである。しかしそれにもかかわらず、戦闘第一段階の終わりには戦闘不能な戦車の数は35％ほど減っていた。修理部隊がそれらの多くを復旧させたからだ。機械故障で機能喪失した戦車に関しては完全に修復された。

　第二段階が始まる時点での北西方面軍には1,331両のT-26、T-28、BTと227両のT-37、T-38、T-27、そして257両の装甲車があった。戦車部隊は狙撃兵師団下の戦車大隊によって増強され、それらの数は20個に上った。戦車旅団の数は今までと変わりはない。

　マンネルヘイム線主防衛地帯突破の準備期間（2月1日から2月11日）は、戦闘部隊が活発な戦闘偵察を行い、それらは一連のより大きな規模の個別の作戦に発展することもあった。なかんずく激

52：マンネルヘイム線主防衛線が突破された場所――戦闘後の65.5高地。奥には撃破された3両のT-28が見える。第20重戦車旅団所属のT-28。1940年2月。（CAFM）

しい戦闘がホッティネン要塞地帯を巡って展開された。ここで第20および第35戦車旅団の隷下大隊は第100狙撃兵師団部隊を支援しつつ前進し、一部の永久トーチカを破壊し、フィンランド軍の全防御体系を明らかにした。大きな損害は出したが（第20旅団だけでここで59両の戦車を失った）、最大の成果は、ホッティネン地区での攻撃がフィンランド軍司令部に他の戦区の部隊をここに移すことを余儀なくさせた点である。これによって65.5高地地区での主防衛地帯突破が可能となったからだ。

　この間の戦車運用の基本形は、最前線と敵防御の戦術縦深における歩兵、砲兵、工兵との緊密な連携行動である。また、戦車の最重要任務のひとつとして、トーチカの占拠、破壊に当たって包囲（突撃）隊の中での行動が挙げられる。このような包囲（突撃）隊には決まって、3両の砲搭載戦車と2両の火焔放射戦車、工兵小隊1個、1個中隊規模の歩兵、2～3挺の機関銃、1～2門の火砲が含まれていた。この種の攻撃はしばしば夜間または降雪の際に実行された。爆薬（永久トーチカの爆破には1,000～3,000kgの爆薬を必要とした）は、ソコロフ装甲橇に載せて戦車が運搬してきた。砲搭載戦車は銃眼とトーチカにつながる塹壕に対する射撃によって火焔放射戦車の接近を可能にさせ、火炎放射戦車はトーチカの銃眼と扉に火焔放射液を噴射し、トーチカに放火した。この間に工兵はトーチカの爆破作業を進め、歩兵は工兵をフィンランド軍の攻撃から掩護した。

　最初のうちは突撃隊の行動はあまり成功しなかった。なぜならば、攻撃の対象が個々の永久トーチカに絞られていたため、ソ連軍戦車は他の火点からの射撃にさらされたからである。その後、近接する3～4基のトーチカをまとめて攻撃するようになると、包囲隊の行動はよりうまくいくようになった。彼らが特に首尾よい活躍を見せたのは第39、第20戦車旅団の行動地帯である。

　偵察活動に加え、戦車と他兵科部隊との連携が確立してきたおかげで、フィンランド軍主防衛地帯の突破が2月11日、第20および第35戦車旅団隷下の2個大隊と第123狙撃兵師団歩兵によって65.5高地地区で実現した。突破戦区には即座に第20戦車旅団のすべての戦車が投入され、その結果突破口は幅、縦深ともに拡大した。2月16日にはマンネルヘイム線主防衛地帯の中央部が突破された。このときすでに北西方面軍司令部は戦車を臨時機動隊のなかで使用し、撤退する敵を追撃し、ヴィボルグへの進撃を発展させる任務を与えることを決めていた。そして2月14日までにこのような機動隊が3個編成された。

　ヴェルシーニン旅団長率いる機動隊（第13戦車旅団第6戦車大隊と機関銃狙撃兵大隊1個）は、レイパスオ駅の奪取を任務としていた。2月14日、同隊は対戦車障害物と強力なフィンランド軍の抵抗

に遭遇した。戦闘をしながらレイパスオへの進撃をつづけ、ヴェルシーニン隊がこの駅をついに落とすことができたのは2月17日のことであった。この時点で隊内の46両の戦車のうち、戦闘可能な状態で残っていたのはわずか7両に過ぎなかった。

バラノフ大佐の機動隊（第13戦車旅団（1個大隊欠）、第15機関銃狙撃兵旅団（1個大隊欠）は2月14日からカマラ駅占拠の任務に

53：ヴィボルグへの進出路に居並ぶ第20重戦車旅団のBT-7快速戦車（円錐形砲塔とハンドル形アンテナを装備）。ソ連北方面軍、1940年3月。すべての戦車が白色に塗装されている。（ASKM）

54：戦車兵と歩兵が戦闘任務を確認している。カレリヤ地峡、1940年2月。（ASKM）

携わり、第123狙撃兵師団の戦果をさらに拡大させようとしていた。ラハデでのフィンランド軍部隊の抵抗をねじ伏せ、カマラへの進撃を続け、これを2月16日に戦い獲った。しかし更なる進撃はフィンランド軍の射撃と反撃によって阻止された。

　ボルジロフ旅団長指揮下の機動隊（第20および第1戦車旅団、狙撃兵大隊2個）は2月16日からヴィープラ地区のフィンランド軍部隊殲滅に取り掛かり、カレリヤ地峡南東部からの退路を遮断した。2月17日にボルジロフ隊はカマラに接近し、翌18日からは第1戦車旅団がピエニ〜ペロ方面、第20戦車旅団がホンカニエミ方面へと、すぐに二つの方面への進撃を開始した。フィンランド軍部隊の強力

55

55，56：戦闘直前の第62狙撃兵師団第368独立戦車大隊のT-26戦車1939年型の乗員たち。カレリヤ地峡、1939年12月。隣のT-26戦車1933年型は、雪が戦車の中に入り込むのを防ぐために砲塔ハッチが防水布で覆われている。（ASKM）

56

57：トーチカ攻撃の準備をする阻止隊。写真の手前には白色の迷彩ガウンに身を包んだ工兵たち、奥には第13軽戦車旅団隷下のBT-7快速戦車（円錐形砲塔）が見える。本車は冬季迷彩が施され、砲塔の側面には赤い星が付いている。ホッティネン地区、1940年1月。(ASKM)

　な抵抗に遭って大きな損害を出しながら、戦闘は2月20日まで続いた。その後第1戦車旅団は兵器の復旧のため予備に回され、第20戦車旅団は第123狙撃兵師団と共同でホンカニエミ地区での行動を続けた。

　これらのケースすべてにおいて機動隊はその任務を果たすことができなかった。なぜならば、地形と防御陣地の特徴が、戦車旅団のみならず、しばしば戦車大隊にも戦闘任務の遂行を許さなかったからだ。

　2月23日から同25日には赤軍部隊は阻止陣地を乗り越え、マンネルヘイム線第二防衛地帯に接近した。そこに到着後そのまま突破することはできず、兵力を再編成し、予備兵力を集結させるため、部隊は一旦歩みを止めた。

　1940年2月1日から同25日の間に北西方面軍は全部で1,158両の車両を失い、そのうち746両は戦闘損失、さらに411両は機械故障による損失であった。

　三日間の息継ぎを経た1940年2月28日、ソ連軍部隊は第二防衛地帯への突撃を開始し、その突破を3月2日に完了した。突撃開始時点の北西方面軍には1,740両のT-26、T-28、BTと270両のT-27、T-37、T-38、それに463両の装甲車があった。戦闘車両の増加は第29戦車旅団と軽戦車連隊7個、装甲車大隊5個が方面軍に到着したからである。

　この段階で戦車は歩兵支援と同時に、自動車または戦車の装甲に

58：地雷で爆破された戦車をS-60トラクターで回収する作業。T-26戦車1933年型は白色に塗り替えられているのに、路肩のKhT-26化学戦車はそのように塗装されていないのが注目される。カレリヤ地峡、1939年12月。（CAFM）

59：第20重戦車旅団第90戦車大隊のT-28戦車が出撃線に向かっている。カレリヤ地峡、1940年2月。（RGAKFD）

60：第20重戦車旅団第90戦車大隊所属のこのT-28は1939年12月18日の戦闘で撃破され、フィンランド軍支配地区に置き去りにされた。本写真は1940年2月に撮影。（ASKM）

載せて移動する歩兵強襲隊とともに行動する大隊、小隊規模の戦車機動隊として使用された。これら機動隊の主な任務は突破口の拡大と退路の遮断、敵小規模グループの包囲、殲滅である。

このほか第23狙撃兵軍団の進撃区には2月28日までに、第39戦車旅団長のD・レリュシェンコ大佐を指揮官とする突破隊が編成された。それは戦車大隊2個と第204化学戦車大隊（火炎放射戦車）、歩兵大隊1個、工兵中隊1個、砲兵大隊2個からなっていた。突破隊はヘインヨキ駅の占拠を任務としていた。

レリュシェンコは突破隊を突破口に導入するあらゆる準備措置を講じ、現場地区の航空偵察をみずから行なった。砲兵部隊の連携行動の段取りが行なわれ、砲撃線や砲撃の要請、中止の手順が定めれた。その結果突破隊はヘイクリラ地区のフィンランド軍部隊の一部を壊滅させ、1940年3月1日にヘインヨキ駅を占拠することができた。これにより第23狙撃兵軍団部隊の首尾よい前進が可能となった。

1940年3月、戦車旅団は所属する狙撃兵軍団隷下師団と緊密に行動しつつ、戦果を拡大し続けていった。

3月10日には赤軍部隊は実質的にマンネルヘイム線を完全突破し、第34狙撃兵軍団部隊はヴィボルグを巡る戦闘を開始した。3月12〜13日のヴィボルグ突撃においては第29戦車旅団が積極的に行動した。

3月の初頭に前線の左翼では第28狙撃兵軍団が狙撃兵師団3個、

61：行軍中の第20重戦車旅団のT-28戦車。ソ連北西方面軍、1940年1月。(RGAKFD)

表1. 1939年11月30日～1940年3月13日のソ連第7軍戦車部隊の兵器の損害と復旧

車種	T-28	BT	T-26	T-37	T-38
戦闘活動開始後の損害(両)	482	956	930	97	78
戦闘活動中の復旧車両(両)	386	582	463	5	62

戦車連隊3個、戦車大隊1個によって編成され（戦車は合計261両）、フィンランド湾の氷の上で行動し、フィンランド軍のヴィボルグ部隊の後方に進出する任務を与えられた。

ここでとりわけ活躍したのは第28および第62戦車連隊で、それらは3月5日までに零下30度の酷寒と吹雪の中で氷のフィンランド湾を渡り切り、その島々からフィンランド軍部隊を駆逐し、フィンランド本土の橋頭堡を占拠した。

冬戦争が終結した1940年3月13日までに戦車兵はヴィボルグ～ヘルシンキ間の街道を遮断して、歩兵が橋頭堡を拡大するのを助けた。

1940年2月25日から3月13日の間、第7軍と第13軍は912両の戦車を失い、そのうち機械故障によるものは294両であった。

冬戦争の全期間（1939年11月30日～1940年3月13日）に赤軍がカレリヤ地峡で失った戦車は3,178両にのぼり、そのうち1,903両が戦闘損害、1,275両が機械故障による損害であった。カレリヤ地峡には平均して1,500両の戦闘車両があったことからすると、各車両は二回ずつ機能を喪失し、修復された後に再び戦闘に向かったと言えよう（表1参照）。

最後にカレリヤ地峡での戦車兵たちが置かれていた戦闘環境について触れておこう。酷寒の冬に加え、住居がなかったことから、土小屋や特別防寒の有蓋トラックに野営することがいつも可能だったわけではない。戦車の中はあまりに狭く、エンジンを止めるとあまりに寒く、逆にエンジンが作動したままだと一酸化炭素中毒にかかってしまう。だが戦車兵たちは解決を見出した――悪天候の際に戦車を覆う防水布を、動力室の装甲の上に幕を張るような形で砲塔から下げるのだ。乗員は自分たちの"テント"を暖めるためエンジンから出る熱気を利用した――特別な板で熱気を防水布の幕の中に入れることにしたのだ。

　時折、"テント"の中では、戦車のバッテリーから引いた電気でランプの灯りが燈されることもあった。またこの防水布を使ってサウナ風呂も用意された――テントを雪または氷まで引っ張り、藁や針葉樹の枝や木の板で暖かい床を作り、暖炉の換わりにドラム缶を利用して、水は砲弾用のトタン箱に汲んだ。

物資補給と修理態勢
МАТЕРИАЛЬНО-ТЕХНИЧЕСКОЕ ОБЕСПЕЧЕНИЕ
　戦車部隊の燃料や潤滑油、予備部品の補給と戦闘車両の回収、修理作業を改善するため、北西方面軍では1940年1月10日に軍事技術補給局が設置された。困難な作業条件やタンクローリーの欠乏（定数の2,932台に対して実際は766台しかなかった）にもかかわらず、同局は冬戦争の全作戦中の間、戦車部隊への燃料補給を途切れさせることはなかった。

　修理資材に関する事情は良くなかった。応急修理車A型（車台はGAZ-AAA自動車）は定数の657台に対して部隊内には297台しかなく、応急修理車B型（車台はZIS-6自動車）は定数667台に対して143台であった。冬戦争では一貫して戦車、とりわけT-26の予備部品の不足が深刻であった。それでも戦車部隊は部隊内の資材で全戦闘行動中に戦闘車両の9,200件の応急修理と745件の中型修理を行った。1940年1月に戦車旅団の修理復旧大隊は、レニングラード市内の工場労働者たち（キーロフ工場とヴォロシーロフ記念第174工場）の特別奉仕団によって強化された。これらの奉仕団は戦車部隊に修理の面で大きな助けとなった。

　戦闘車両の大型修理にはレニングラードのキーロフ工場とヴォロシーロフ記念第174工場、キーロフ記念昇降・輸送設備工場が動員された（これらの工場には全部で857両の車両が修理に送られた）。なかでも最も良く任務をこなしたのはキーロフ工場で、他の工場は修理済み車両の出荷数を増やすことはできたが、前線の需要を満足させることはできなかった。そのうえ、1940年の1月には工場へ

カラーイラスト

BT-7A快速戦車「ザ・スターリナ」。北西方面軍、第1軽戦車旅団砲兵隊、1940年2月。[訳注:「ザ・スターリナ」とは「スターリンのために」の意味]

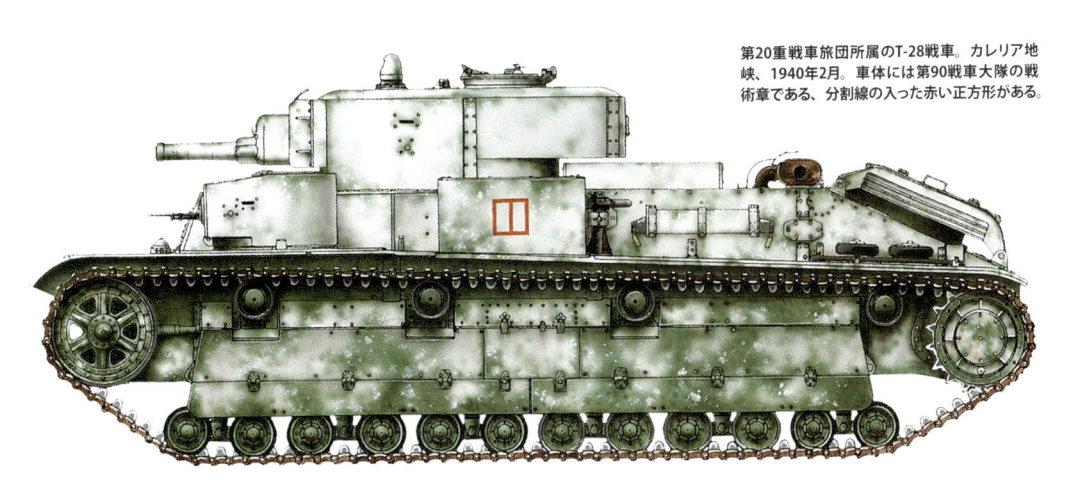

第13軽戦車旅団所属のBT-7快速戦車(円錐形砲塔)。カレリア地峡、1940年1月。

第20重戦車旅団所属のT-28戦車。カレリア地峡、1940年2月。車体には第90戦車大隊の戦術章である、分割線の入った赤い正方形がある。

65

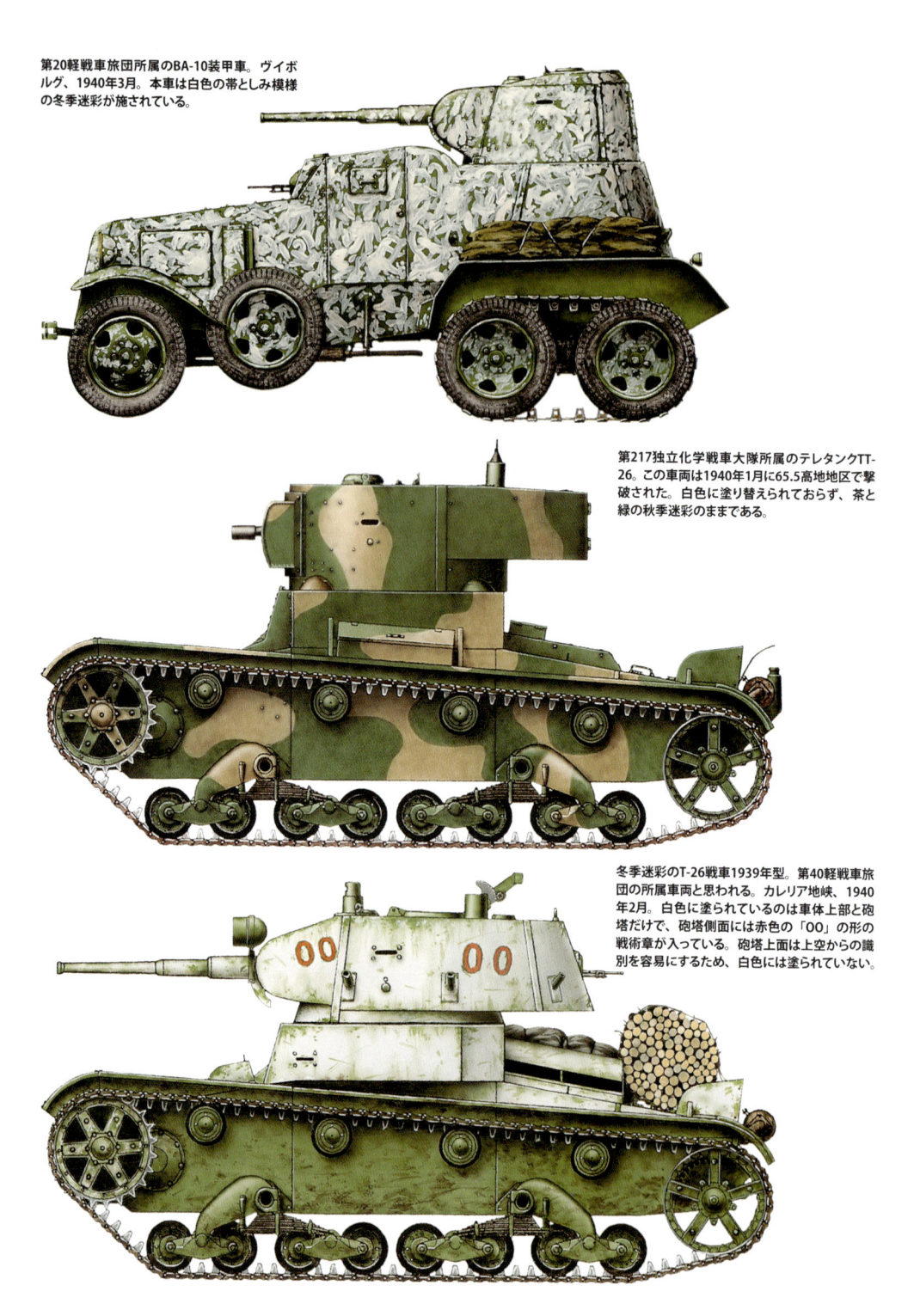

第20軽戦車旅団所属のBA-10装甲車。ヴイボルグ、1940年3月。本車は白色の帯としみ模様の冬季迷彩が施されている。

第217独立化学戦車大隊所属のテレタンクTT-26。この車両は1940年1月に65.5高地地区で撃破された。白色に塗り替えられておらず、茶と緑の秋季迷彩のままである。

冬季迷彩のT-26戦車1939年型。第40軽戦車旅団の所属車両と思われる。カレリア地峡、1940年2月。白色に塗られているのは車体上部と砲塔だけで、砲塔側面には赤色の「OO」の形の戦術章が入っている。砲塔上面は上空からの識別を容易にするため、白色には塗られていない。

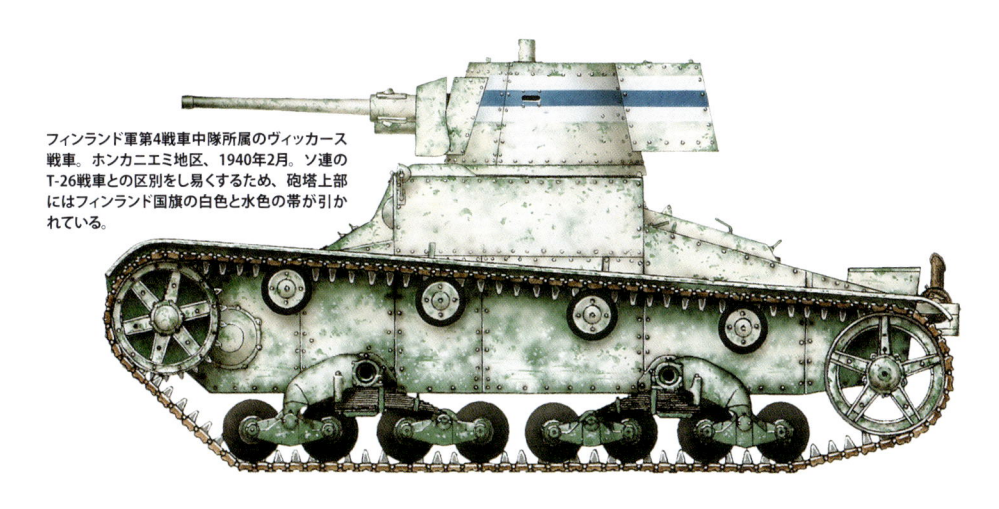

フィンランド軍第4戦車中隊所属のヴィッカース戦車。ホンカニエミ地区、1940年2月。ソ連のT-26戦車との区別をし易くするため、砲塔上部にはフィンランド国旗の白色と水色の帯が引かれている。

フィンランド軍第2戦車中隊所属のルノー FT-17戦車。本車は1940年2月、ペロ駅地区で赤軍部隊によって鹵獲された。三色迷彩の上から粗い白色の斑点模様が付けられ、砲塔には戦術番号4が、また車体尾部には第2中隊の部隊章である白円の中の赤いダイヤが見える。

第79独立戦車大隊所属のT-37戦車。ソ連第9軍地帯、1939年12月。

64：自動二輪車に乗った伝令がBA-10装甲車の乗員に戦闘命令書を手渡している。カレリヤ地峡、1939年。装甲車の後方の車輪には降雪地帯での踏破性を高めるため「オーバーロール」の覆帯が装着されている。（RGAKFD）

65：ある戦車旅団の移動式自動車修理所。カレリヤ地峡、1940年1月。（CAFM）

の電力供給がしばしば断絶し、この点もまた修理作業の量に影響を及ぼした。

1939年12月、ペテルゴフ市に第46機甲修理基地が、またプーシキン市に第47機甲修理基地が展開された。当初は工具や資材、予備部品の不足から、1両の戦車を修理するのに4～5日間かかっていた。その後作業が軌道に乗ってくると、一昼夜に戦車1両の割合で出荷できるようになった。

しかし、ソ・フィン戦争当時の赤軍戦車部隊の最大の弱点は回収装備であった。戦車大隊だけでなく、一部の戦車旅団でさえ撃破された戦車を戦場から回収するトラクターを持ち合わせていなかった。動員令によって産業界から手に入れたトラクターは力が弱く、その多くが修理を必要とするか、動けない状態にあった。特殊牽引車コミンテルンの保有数は非常に少なかった。冬戦争の間には、生産されるようになったばかりの強力なヴォロシロヴェツ牽引車も複数受領した。これは戦闘条件下でよく能力を発揮し、修理兵たちからの評価も高かった。だが、撃破された戦車の戦場からの回収は主に戦車によって行われていた。

12月25日、第7軍の中に軍直属の回収中隊が編成され、16台のトラクターを保有していた。1940年3月1日までにこの中隊によって回収された車両は、BT—196両、T-26—410両、T-37およびT-38—44両、T-27—27両、BA—6両、T-20—26両を数えた。このほか、河川や沼から引き上げられた車両は、T-26—80両、BT—30両、T-37—18両であった。

1939年から1940年にかけての酷寒の冬のなかで、戦車を"血気盛んな"状態に維持するためには大量の燃料が必要とされた。それゆえ第7軍と第13軍の隷下部隊は第13戦車旅団の経験に沿って戦車を暖める方法を採用した。戦車は車体下部が地下に収まるよう特別に掘られた穴に入れられ、穴全体を防水布で覆うか、または中に丸太を転がして下敷きにして、常に車底の下に小さな焚き火が燃やされるようになった。その結果、必要な際はいかなる寒さの中でもエンジンは稼動した。1940年1月の末から各部隊には、車底の焚き火より安全な、特別に開発された戦車暖房機が支給されるようになった。

表2. 1939年11月30日～1940年3月13日のカレリア地峡での赤軍戦車部隊の損害

期間	軍	砲撃	地雷	火災	水没	行方不明	故障	全損
39/11/30～40/2/1	第7軍	199	90	92	13	1	375	62
	第13軍	76	16	62	—	1	195	56
40/2/1～40/2/25	第7軍	264	137	84	43	9	259	96
	第13軍	116	40	43	8	2	152	64
40/2/25～40/3/13	第7軍	242	82	101	37	15	192	61
	第13軍	58	18	54	9	7	102	29

66：工兵が架設した橋を使って川を渡ろうとするT-26戦車1933年型。カレリヤ地峡、1939年12月。砲塔の天蓋には尖軸形アンテナが設置されているが、砲塔の側面にはハンドル形アンテナを取り付けるための固定具が見える。(RGAKFD)

カレリヤ地峡で行動した戦車部隊
ТАНКОВЫЕ ЧАСТИ, ДЕЙСТВОВАВШИЕ НА КАРЕЛЬСКОМ ПЕРЕШЕЙКЕ

　以下は、1939年11月30日から1940年3月13日まで実働軍のなかで行動した戦車部隊の概略である。筆者はできるだけ次のデータを収めるよう努めた——指揮官と政治委員の姓、部隊の組織構成、戦闘車両の数量、なんらかの興味深い戦闘エピソードを含む軍事行動の略歴、損害データ、勲章やメダルを拝領した隊員の数。しかし、公文書資料の中で見つけることのできたデータは完全には程遠く、いくつかの部隊に関してはこれらのデータは不完全なままである。「損害」の項目は「故障損害」のデータがない、または見つかっていない場合、戦闘損害のみ掲載している。

■第10戦車軍団
10-Й ТАНКОВЫЙ КОРПУС

　指揮官——ヴェルシーニン旅団長。冬戦争勃発当時の隷下部隊には、よく訓練された兵員で編成された第1、第13軽戦車旅団と第15機関銃狙撃兵旅団を擁していた。戦車は1939年9月のエストニア、ラトヴィア国境への行軍と11月のカレリヤ地峡への行軍（合計800km以上）によってひどく消耗していた。冬戦争の緒戦で同軍団全体をフィンランド軍防御の突破と後背への奇襲に使用する試みは失敗に終わり、1939年12月の末に軍団は解隊され、その後は旅団単位で行動することとなった。軍団長は第7軍機甲兵課長に任命された。

■第1軽戦車旅団
1-Я ЛЕГКОТАНКОВАЯ БРИГАДА

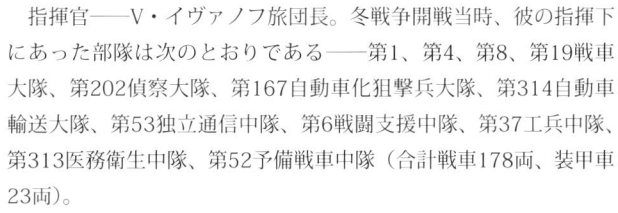

　指揮官——V・イヴァノフ旅団長。冬戦争開戦当時、彼の指揮下にあった部隊は次のとおりである——第1、第4、第8、第19戦車大隊、第202偵察大隊、第167自動車化狙撃兵大隊、第314自動車輸送大隊、第53独立通信中隊、第6戦闘支援中隊、第37工兵中隊、第313医務衛生中隊、第52予備戦車中隊（合計戦車178両、装甲車23両）。

　緒戦では同旅団は第10戦車軍団のなかで行動していた。その後1940年の1月は戦闘訓練と兵器の修理にあたっていた。1940年2月初頭に第10狙撃兵軍団に付与され、2月5日までにメロラ地区に集結。同旅団は強力に防護されたグルーシャ高地と38.2高地を獲得する任務を受領（訳注：「グルーシャ」とは西洋梨の意味）。2月5日から同8日の間は徹底した偵察活動をおこない、付与された歩兵をソコロフ橇に載せて輸送する訓練、そして対戦車阻止柵の中に進路を開削する訓練を実施した。

第10戦車軍団長、P・ヴェルシーニン旅団長（本写真は1945年の中将時代に撮影）

第1軽戦車旅団長、V・イヴァノフ旅団長（本写真は1941年の少将時代に撮影）、1942年8月16日行方不明となる

73

67：第1軽戦車旅団所属のBT-7A快速戦車。ソ連北西方面軍、1940年2月。（ASKM）

　2月9日の攻撃は成果をもたらさなかった——38.2高地のフィンランド軍の火点は制圧されておらず、高地への近接路はバリケードや対戦車傾斜壁、塹壕、無数の砲爆弾孔でいっぱいだったことが判明した。それゆえ38.2高地への突撃は、戦車の定置射撃に支援された歩兵によってのみ可能であり、そのとおり2月14日と15日に実行された。
　2月21日から第1戦車旅団は第7軍の予備兵力にまわされ、2月27日に第34狙撃兵軍団に付与され、共同で撤退するフィンランド軍部隊を追撃し、ヴィボルグを占領する任務を担うこととなった。同旅団はこの任務を遂行する中で、2月29日にシャイニエを勝ち取り、

表3. 1939年11月30日〜 1940年3月13日の第1戦車旅団の戦闘編成（単位：両）

戦車・装甲車の車種	戦闘活動開始時	工場から受領	損害 砲撃	損害 地雷	損害 火災	損害 水没	損害 故障	修理数
BT-7戦車	—	112	31	31	23	8	8	51
BT-7A戦車	6	—	4	2	—	—	—	6
BT-5戦車	83	22	18	19	2	3	74	32
BT-2戦車	82	16	8	8	4	2	68	11
T-26戦車	7	1	—	—	2	—	4	—
BA-10装甲車	18	6	3	—	—	—	3	6
BA-20装甲車	5	—	—	1	—	—	3	4
KhT-133戦車	—	5	—	—	—	—	—	—

3月3日からはタンミスオを巡る攻防戦に突入し、この戦闘は終戦まで続いた。

　戦車兵たちはここで勇猛果敢に行動したが、一方の第91狙撃兵師団の歩兵は前進しないばかりか、しばしば銃を撃つことさえしなかった。戦車に跨乗させられた歩兵は、射撃されるや否や逃げ出した。それゆえ3月12日から翌13日にかけての夜間に第91師団の参謀長は戦車兵の要請に応じて、戦車の周りに歩兵の小グループを集め、戦車が占拠する線に一晩残った兵には勲章を"大盤振る舞い"した。

　戦闘において非常に優れた活躍を見せたのはBT-7A快速戦車（76mm砲搭載）であった。これらの戦車は独立砲兵隊に統合され、フィンランド軍の射撃陣地や砲兵中隊の殲滅に使用された。

　他方、冬戦争の間一貫して第1戦車旅団の最大の弱点であり続けたのは、回収装備の欠乏であった。1940年2月の末になってようやく同旅団はコミンテルン1台、ヴォロシロヴェツ1台、ChTZ S-65 2台のトラクターを受領することができた。

　冬戦争を通じての人員の損害は、戦死者177名、負傷者519名、行方不明者67名であった。

■第13軽戦車旅団
13-Я ЛЕГКОТАНКОВАЯ БРИГАДА
　指揮官──V・バラノフ大佐。開戦当時の隷下部隊は、第6、第9、第13、第15戦車大隊、第205偵察大隊、第158自動車化狙撃兵大隊、自動車輸送大隊、第8戦闘支援中隊で、合計256両の戦車を保有していた。第13戦車旅団は第10戦車軍団の中で12月1日にキヴィニエミ方面の戦闘に投入された（キヴィニエミは12月5日に占拠）。キヴィニエミへの進撃に際して同旅団は7本の対戦車壕と17列の対戦車阻止柵を乗り越えた。

　いくつかの行軍を経た1939年12月16日には、同旅団は第123狙撃兵師団の突破口を拡大し、ラハデ、カマラ駅の方向に進撃し、タリ駅を奪取する任務を帯びてペイノラに集結した。

　12月17日、同旅団は前進を始めたが、突破口は見つからず、全旅団が歩みを停止した。12月18日1300時まで出撃陣地で待機していたが、その後砲撃を受け、2両の戦車が全焼、さらに8両が撃破された。この後同旅団は後方のバボシノに後退した。ここで1939年12月23日から1940年2月13日まで旅団部隊は戦闘特訓に明け暮れた。また、冬季のBT快速戦車の踏破性を向上させる覆帯の突起物が製作された。さらに対戦車阻止柵への射撃テストが行なわれ、45mm徹甲弾が阻止柵を完全に破砕することが判明した。この時点から、進路上に遭遇する阻止柵に対する乗員の射撃訓練が始まり、

第13軽戦車旅団長、V・バラノフ大佐（本写真は1945年の中将時代に撮影）

75

68：戦闘任務を確認しあう第13軽戦車旅団のBT-7快速戦車の乗員たち。カレリヤ地峡、1939年12月。（ASKM）

　その後同旅団の隷下部隊はこれを実地に行っていく。同旅団の休暇は酷寒の時期にあたったので、戦闘車両を臨戦態勢に維持するためにはエンジンの長い耐用期間と大量のガソリンが必要だった。将兵たちの発案によって戦車暖房用のさまざまな土小屋が造られていった。

　1940年2月13日から3月13日の間、旅団はマンネルヘイム線主防衛地帯にできた突破口の拡大に参加し、旅団全体で、また大隊単位でも行動した。

　2月14日、旅団所属戦車はラハデを巡る戦闘に取り掛かり、強力な防御に遭いながらも、やがてこれを占拠した。ここで大きく活躍したのは火焔放射戦車だった。それらは塹壕や防御施設の中の敵兵員を火焔放射で殲滅していった。

　2月15日の夕刻までに第13戦車旅団の隷下大隊はカマラ駅に接近し、粘り強い戦闘の末にこれを翌日奪取した。

　カマラを巡る攻防戦でフィンランド軍部隊は約800名の戦死者と80名の捕虜を出し、武装のないルノー戦車8両が鹵獲され、12門の砲と16挺の機関銃、12基の永久トーチカが破壊された。戦車旅団側の損害は戦車10両であった。

　この後の数日間で戦車兵はペロ駅を占拠し、3月5日には激戦の末にマンニカラを、そして3月10日にはレポラを、終戦時にはヌルミランピを獲得していった。

　冬戦争全体を通じて旅団は必要物資の運搬を戦車で行なってい

表4. 1939年11月30日〜1940年3月13日の第13戦車旅団の戦闘編成（単位：両）

戦車・装甲車の車種	戦闘活動開始時	工場から受領	損害 砲撃	損害 地雷	損害 火災
BT-7戦車	246	67	122	63	52
BT-2戦車	─	2	─	─	─
T-26戦車	10	5	2	1	2

た。装輪車両は踏破できなかったからである。戦車に荷物が積まれ、後ろにはトラックを連結して走行した。開戦以来旅団が保有していたトラクターはコミンテルン2台だけで、しかも撃破された戦車の回収作業に耐えられなかった。そのため撃破された戦車の大半は、戦車によって回収せざるを得なかった。

　冬戦争における人員の損害は戦死者234名、負傷者484名、行方不明者23名であった。

　勲章を拝領した者は353名を数え、勲章の種類別の受勲者数はソ連邦英雄の称号が11名、レーニン勲章が14名、戦闘赤旗勲章が103名、赤星勲章が72名、敢闘記章と戦功記章が153名であった。

　ソ連最高ソヴィエト幹部会令により、カレリヤ地峡での戦闘について第13戦車旅団に戦闘赤旗勲章が授与された。

■第15機関銃狙撃兵旅団
15-Я СТРЕЛКОВО-ПУЛЕМЕТНАЯ БРИГАДА

　指揮官──ガヴリロフ大佐（顔写真なし）。政治委員──マルーシン連隊コミッサール（訳注：当時の赤軍の階級名と役職名は混同をきたしやすいが、政治将校については既刊『ノモンハン戦車戦』に準じて、役職名を「政治委員」、「政治指導員」とし、階級名はkomissar＝「コミッサール」、politruk＝「ポリトルーク」とし、政治担当将校を一般に「政治将校」としている）。開戦当時の旅団は第10戦車軍団に属し、第153、第158、第167機関銃狙撃兵大隊を擁し、27両のBA-10装甲車と7両のBA-20装甲車、24台のコムソモーレツ牽引車を保有していた。第1、第13戦車旅団と緊密な連携行動をとっていた。冬戦争中に3両のBA-20と19両のBA-10を補充された。損害は3両のBA-10と1両のBA-20、5台のコムソモーレツであった。

■第20重戦車旅団

20-Я ТЯЖЕЛАЯ ТАНКОВАЯ БРИГАДА

　指揮官——ボルジロフ旅団長。政治委員——クリーク連隊コミッサール。開戦当時の隷下部隊は次のとおりである——第90、第91、第95戦車大隊、第256修理復旧大隊、第301自動車輸送大隊、第215偵察中隊、第302化学戦中隊、第6、第57通信中隊、第38工兵中隊、第45高射中隊、第65予備戦車中隊、第7特別中隊（テレタンク）、あわせて将兵2,926名、戦車145両、装甲車20両、乗用車34台、貨物自動車78台、特殊車95台、自動二輪車16台、トラクター4台。

　緒戦では旅団は第19狙撃兵軍団と共同で行動し、1939年12月17日に第50狙撃兵軍団に所属が変えられた。1940年2月12日までスンマ～ホッティネン～65.5高地の地区で戦闘を行ない、その後はホンカニエミ、ペロ、タリの地区で行動した。冬戦争を通じての旅団の人員の損害は戦死者169名、負傷者338名、行方不明者57名であった。叙勲された者は613名を数え、勲章別の内訳はソ連邦英雄—15名、レーニン勲章—14名、戦闘赤旗勲章—97名、赤星勲章—189名、敢闘記章および戦功記章は292名である。

第20重戦車旅団長、P・ボルジロフ旅団長、1941年秋に戦死

69：第20重戦車旅団長のボルジロフ旅団長が、勲章やメダルを拝領した指揮下の戦車兵たちを祝福している。1940年2月。（ASKM）

70：当時の典型的なプロパガンダ写真——第1戦車旅団隷下部隊に新聞『祖国の栄光のために』最新号が配布される様子。1940年2月。写真の奥手には2両の装甲車BA-10が見える。（ASKM）

ソ連最高ソヴィエト幹部会令により、カレリヤ地峡での戦闘について第20重戦車旅団は戦闘赤旗勲章を受章した。

（冬戦争当時の第20重戦車旅団の戦闘活動とT-28戦車の行動については2000年に発行した「フロントヴァヤ・イリュストラーツィヤ」シリーズ原書版の『労農赤軍の多砲塔戦車T-28とT-29』/ "Mnogobashennye tanki RKKA T-28, T-29"/がより詳しいので、そちらを参照されたい。）

表5. 1939年11月30日〜1940年3月13日の第20戦車旅団の戦闘編成（単位：両）

戦車・装甲車の車種	戦闘活動開始時	工場から受領	損害					損害計	戦争中の修理数	全損
			砲撃	地雷	火災	水没	故障			
T-28戦車	105	67	155	77	30	21	2	197	482	371	32
T-26戦車	11	—	1	1	1	—	—	10	13	14	—
BT-5戦車	8	—	2	1	—	4	—	22*	32*	19*	2*
BT-7戦車	21	—	—	1	1	1	—				
BA-6装甲車	5	—	—	—	—	—	—				
BA-20装甲車	15	—	—	—	—	—	—				

注：*印の数字はBT-5、BT-7の合計

■第29戦車旅団
29-Я ТАНКОВАЯ БРИГАДА

　指揮官――クリヴォシェイン旅団長。政治委員――イラリオノフ連隊コミッサール。旅団は1940年2月27日にブレストから到着し、当時の隷下部隊は第165、第168、第170、第172戦車大隊と第216偵察中隊、第66工兵中隊で、合計256両のT-26戦車を保有していた。3月12日まで戦闘訓練に明け暮れ、すでに獲得された永久トーチカを視察検分したり、標的射撃訓練などを行なっていた。

　3月12日0300時、旅団はヴィボルグ突撃の際に第34狙撃兵軍団を支援する任務を受領した。同市への近接路は濃密に地雷が埋設されていたため、戦車は主に定置射撃で歩兵を支援した。たとえば、第170戦車大隊の32両の戦車が三時間の集中的な定置射撃を行なって対戦車砲2門と永久トーチカ1基、火点10箇所を破壊した。特に英雄的な活躍をしたのがクラチョフ軍曹の戦車乗員で、彼らはフィンランド軍の陣地まで150mの距離まで接近し、友軍歩兵の前進を阻んでいた敵の永久トーチカを砲撃した。

　冬戦争が終結した3月13日の正午、旅団の所属戦車は先陣を切ってヴィボルグ市に突入し、同市の北端、北東端、東端を押さえた。冬戦争を通じての旅団の損害は戦死者5名、負傷者18名、撃破された戦車9両であった。

第29戦車旅団長、S・クリヴォシェイン旅団長（本写真は1945年の中将時代に撮影）

■第35軽戦車旅団
35-Я ЛЕГКОТАНКОВАЯ БРИГАДА

　指揮官――コシュバー大佐（1940年1月からはアニクシキン大佐）。政治委員――ヤロシュ連隊コミッサール。1939年11月30日の旅団内には第105、第108、第112戦車大隊、第230偵察大隊、第37戦闘支援中隊、第61工兵中隊の合計2,716名の将兵と146両の戦車、装甲車20両、牽引車1両、乗用車31台、貨物自動車403台、特殊車124台、トラクター 9台があった。11月の冬戦争開戦直前に旅団から第111戦車大隊が外され、第8軍地帯で行動することになった。

　戦闘車両の状態は良好であったが、他の部隊と同様に、この旅団も修理資材の供給が悪く、トラクターはひどく消耗し、しかもその数は明らかに不充分だった。

　緒戦では旅団はキヴィニエミ方面で行動し、その後ホッティネン～ 65.5高地の地区に移された。1939年12月の末まで旅団戦車は大きな損害を出しながらも攻撃を続け、第123および第138狙撃兵師団を支援し、その後は予備に回された。1940年1月は兵器の回収と修理を行ない、歩兵、工兵、砲兵との連携行動の調整をしていった。これまでの戦闘の経験から、戦車の尾部に連結した橇に載せる束柴

第35軽戦車旅団長、V・コシュバー大佐（本写真は1941年の少将時代に撮影）

71：最新号の新聞を受け取るT-26戦車1931年型の乗員たち。第35軽戦車旅団、ペルクヤルヴィ地区、1939年12月15日。（CAFM）

72：第35軽戦車旅団のT-26戦車の一群が出撃線に進出している。1940年2月。（RGAKFD）

表6. 1939年11月30日〜1940年3月13日の第35戦車旅団の戦闘編成（単位：両）

戦車・装甲車の車種砲撃	戦闘活動開始時	工場から受領	損害				修理数
			地雷	火災	水没	故障	
T-26戦車	136	137	51	53	33	8	70
KhT-26戦車	10	—	2	3	5	—	2
ST-26戦車	3	—	—	—	—	—	—
BA-10装甲車	10	—	—	—	—	—	—
BA-20装甲車	10	—	—	—	—	—	—

が作られた。束柴は壕の中や阻止柵間の通路に詰め込むのに使用された。旅団の団員たちからの提案により、壕を越えるための木造橋が作られた。木造橋はT-26戦車の前方に橇に載せて押していくことも想定されたが、つくりがあまりに大きく、重たくなって、これでは不整地で橋を動かすことはできなかった。

　マンネルヘイム線主防衛地帯の突破開始に向けて、旅団戦車は大隊単位で第100、第113、第123狙撃兵師団に振り分けられ、これらの師団とともに終戦まで行動した。

　冬戦争において旅団部隊はローラー式地雷処理器と工兵戦車を使用したが、それらの効果はあまり大きくなかった。撃破された戦車の回収と復旧は、必要資材の不足から大変な困難を伴った。修理復旧大隊は一つの戦車から部品を取り外して別の戦車に取り付けるユニット交換式で修理作業をこなし、2両の損壊戦車から1両の可動戦車を組み立てることも多かった。冬戦争勃発当時の旅団には全部で3両の、しかも修理を必要とするコミンテルン牽引車しかなかった。1939年12月、S-65トラクターが3台届いたが、あっという間に故障した。そのため兵器回収の際にはしばしば、隣で行動していた第20戦車旅団のT-28戦車の力を借りなければならなかった。

　冬戦争を通じての人員の損害は、戦死者122名、負傷者249名であった。叙勲された者は237名で、その内訳はソ連邦英雄—14名、レーニン勲章—21名、戦闘赤旗勲章—67名、赤星勲章—37名、敢闘記章—97名、戦功記章—61名である。

■第39軽戦車旅団
39-Я ЛЕГКОТАНКОВАЯ БРИГАДА

　指揮官——レリュシェンコ大佐。政治委員——ソロヴィヨフ連隊コミッサール。旅団はレニングラード軍管区に1939年11月に到着。参謀本部令に基づき、旅団の編成から第100および第97戦車大隊（第9軍に異動）と第98戦車大隊（フィンランド人民軍第1軍団に編入）が外された。残留部隊は兵員と兵器が非常に不足していた。開戦当時の旅団内には第85戦車大隊、第232偵察大隊、第321自動車輸送大隊、第275修理復旧大隊、第55工兵中隊、第23戦闘支援中

第39軽戦車旅団長、D・レリュシェンコ大佐（1940年撮影）

隊、第99通信中隊、第219医務衛生中隊、第79予備戦車中隊があり、保有する戦車は110両、装甲車は15両、自動車は179台、応急修理車A型は2台、同じくB型は1台、トラクターはコミンテルン1台であった。

　旅団司令部は1939年12月の初頭にはより効果的な行動を目指して、予備戦車中隊を使って偵察大隊を3個中隊編成の戦車大隊に改編した（戦車中隊2個、装甲車中隊1個）。12月15日からはさらに第204化学戦車大隊が旅団に付与され、この大隊は1940年2月に旅団長の直接指揮下に置かれることとなった。

　冬戦争が始まるとともに第39戦車旅団は第50狙撃兵軍団に付与され、12月は同軍団とともにタイパレとタイパレ河の地区で戦闘を行なった。

　1940年1月に旅団は予備に回され、戦闘訓練と兵器の修理にあたった。この間にレリュシェンコ大佐は後方部隊の赤軍兵に戦車科目の教習を実施した。そのおかげで終戦まで旅団は戦車兵の不足に悩まされずに済んだ。

　2月に入ると旅団はムオラ、オイナラ、キュレリャの戦区とイルヴェス地区で戦闘を展開し、3月1日にはホンカニエミを突撃、奪取した。この間に地雷原付きの逆茂木を12箇所、花崗岩製の対戦車阻止柵を2本、対戦車壕を1本乗り越えてきた。このように攻勢を発展させていき、終戦時にはレッポラに到達した。

　冬戦争を通じての人員の損害は戦死者65名、負傷者117名、行方不明者13名であった。

　叙勲された将兵は269名で、そのうちソ連邦英雄の称号を拝領したの者が4名いた。

　ソ連最高ソヴィエト幹部会令により、第39軽戦車旅団はカレリヤ地峡の先頭についてレーニン勲章を受章した。

表7. 1939年11月30日〜1940年3月13日の第39戦車旅団の戦闘編成（単位：両）

戦車・装甲車の車種	戦闘活動開始時	工場から受領	損害 砲撃	損害 地雷	損害 火災	損害 水没
T-26戦車	100	43	57	9	12	3
KhT-26戦車	10	5	2	1	1	−
ST-26戦車	−	1	−	−	−	−
T-26牽引車	3	−	−	−	−	−
BA-20装甲車	15	8	−	−	−	−

73：戦闘警備に就いている第39軽戦車旅団のT-26戦車1933年型（ハンドル形アンテナ、回転式高射機銃座、夜間射撃用ライトを装備）。カレリヤ地峡、1940年1月。(RGAKFD)

■第40軽戦車旅団
40-Я ЛЕГКОТАНКОВАЯ БРИГАДА

　指揮官——ポリャコフ少佐（1940年1月、中佐に昇進）。政治委員——コロシニコフ連隊コミッサール。旅団は「大教育召集」のときにレニングラード軍管区第2予備戦車連隊を基幹として編成された。BT大隊、T-26大隊各2個を保有していた連隊はT-26旅団に改編されたが、BT快速戦車の操縦手をT-26軽戦車の操縦に再教育する困難が伴った。そのうえ、偵察大隊や自動車輸送大隊、それに戦闘支援中隊を編成する際の基幹となる部隊も欠如していた。

　旅団への改編時に予備兵員の60％が加えられたが、彼らの大半は徴兵司令部によって送り込まれてきた、戦車科目の教習を受けていない者たちか、またはそもそも軍隊経験のない者たちであった。しかし、旅団司令部の精力的な指導により、冬戦争勃発時には戦闘能力のある部隊ができあがっていた。

　1939年11月30日当時の旅団は第155、第157、第160、第161戦車大隊、第236偵察大隊、第280修理復旧大隊、第336自動車輸送大隊、第307医務衛生中隊、第43戦闘支援中隊を擁し、戦車247両、装甲車24両、乗用車33台、貨物自動車262台、特殊車34台、トラクター41台を保有していた。戦闘車両は満足できる状態にあったが、それらの大半はT-26双砲塔戦車、BT-2およびBT-5快速戦車と

いった旧式の戦車であった。

　旅団内には修理設備が非常に不足していた——応急修理車B型1台と同じくA型6台しかなかった。動員によってソ連国内の民生部門から届いた41台のトラクターは、一週間の戦闘を経た後には31台が使えなくなっていた。

　開戦とともに旅団は第19狙撃兵軍団の指揮下に入り、大隊単位で各狙撃兵師団に振り分けられた。緒戦ではフィンランド軍部隊の抵抗は弱かったものの、それでも歩兵は戦車から後れを取り、また戦車なしでは前進もせず、森を恐れ、迂回行動もとらなかった。歩兵指揮官たちの中には、付与された戦車を自分のために使う者もいた。第274狙撃兵連隊長などは、戦車を野戦厨房の随伴と連隊サウナの警備に使用していた。

　1939年12月6日からはヴァイシャネン〜ムオラ〜オイニラの地区で主防衛地帯を巡る激戦が展開された。戦闘は12月29日まで続いたが、成果はなかった。歩兵はフィンランド軍が射撃を始めないうちは、戦車の後ろに続いていた。射撃を受けるや否や、歩兵は伏せてしまい、立ち上がらせることはほとんど不可能だった。ムオラ攻撃の際など、戦車は五回もこの集落に侵入したが、毎回歩兵の支援を受けられずに出撃線に舞い戻らねばならなかった。オイニラ攻撃のときは戦車は二度もこの町を占拠し、歩兵もフィンランド軍の塹壕と掩蔽壕を奪ったが、射撃を受けると放棄して出撃陣地に引き下がった。

　この間対戦車障害物の克服に工兵戦車と、砲塔を取り外した戦車に搭載した木造橋、それに束柴が使用された。だが、起伏の激しい地形ではこれらの資材の効果はあまり大きくなかった。

　12月29日の時点で旅団は86両の戦車を失い、後方に回され、そこで1940年の1月と2月は兵器の復旧と戦闘訓練に明け暮れた。

　マンネルヘイム線主防衛地帯を突破するときも旅団はこれまでどおり第19狙撃兵軍団とともにヴァイシャネン、ヘインヨキ、カマラ、キャーンティマの各地区で行動していた。

　ソ連最高ソヴィエト幹部会令により、第40軽戦車旅団はカレリヤ地峡での戦闘について戦闘赤旗勲章が授与された。

■第28狙撃兵軍団隷下の戦車部隊
ТАНКОВЫЕ ЧАСТИ 28-ГО СТРЕЛКОВОГО КОРПУСА

　第28狙撃兵軍団は1940年2月29日、第43、第70狙撃兵師団、第86、第173自動車化狙撃兵師団によって編成され、3月3日から4日にかけての夜間にフィンランド湾を渡り、フィンランド軍ヴィボルグ部隊の背後に進出する任務を帯びていた。3月3日から軍団はフィンランド湾の氷原を一気に渡り、3月5日までには沿岸に"手を掛

74

75

74：前線に向かう第35戦車旅団のT-26戦車。1940年2月。(RGAKFD)

75：火焔放射を行っている第210独立化学戦車大隊のKhT-130戦車。カレリヤ地峡、1940年2月。(ASKM)

表8. 1939年11月30日〜1940年3月13日の第40戦車旅団の戦闘編成（単位：両）

戦車・装甲車の車種	戦闘活動開始時	工場から受領	損害 砲撃	地雷	火災	水没	全損	修理数
T-26戦車	201	76	69	58	46	7	65	74
BT戦車	34	—	5	3	4	—	4	—
KhT-26戦車	8	5	3	4	2	—	1	4
ST-26戦車	4	—	—	—	—	—	—	—
BA-20装甲車	6	—	—	—	—	—	—	—
BA-10装甲車	18	—	—	—	—	—	—	—

けた"。その後の数日間は橋頭堡の拡大を目指した激戦を繰り広げた。

　軍団の戦車部隊は第70狙撃兵師団所属の第28戦車連隊と第361戦車大隊、第86師団所属の第62戦車連隊、第173師団所属の第22戦車連隊からなる。

76：前線の道を進むBA-10装甲車の縦隊。カレリヤ地峡、所属戦車部隊は不詳、1940年2月。すべての車両が白色に塗装され、戦術章はまったく見られない。（ASKM）

●第22戦車連隊　指揮官──マルィシェフ少佐、政治委員──ゴンチャロフ上級ポリトルーク。前線到着は1940年2月で、76両のT-26戦車、5両のKhT-130化学戦車、2両のBA-20装甲車を保有。冬戦争中の損害は戦車11両である。

●第28戦車連隊　指揮官──スコルニャコフ少佐。前線到着は1940年2月で、当時126両のT-26戦車を保有。冬戦争で16両の戦車の損害を出し、そのうち6両は全損となった。勲章、記章を受章した者は105名、そのうち2名はソ連邦英雄の称号を授与された。

●第62戦車連隊　指揮官──ヴァシリエフ少佐。キエフ軍管区のグルーデク・ヤゲロンスキー市から前線に。82両のT-26戦車（うち15両は双砲塔型）、7両のKhT-26化学戦車を保有。冬戦争中の人的損害は戦死者53名、負傷者65名、水死者5名、また戦車の損害は53両（このうち28両は全損）であった。

●第63戦車連隊　指揮官──パンコフ少佐、政治委員──ウサチョフ。キエフ軍管区のジトーミル市から1940年2月29日に前線に到着、当時76両のT-26戦車を保有していた。冬戦争での人的損害は戦死者6名、負傷者11名、水死者5名、戦車の損害は6両が撃破され、7両が水没した。

●第14独立戦車大隊　1940年2月14日の時点で32両のT-38と8両のT-37を保有していた。

●第18独立戦車大隊　指揮官──ヴォドピヤン上級中尉。大隊はハリコフ軍管区で編成され、カレリア地峡には54両のT-38でもって1939年12月11日に到着し、第136狙撃兵師団に付与された。戦闘においては進撃する歩兵部隊の両翼、そして戦闘隊形の間に位置して、移動火点として使用された。その進撃は跳躍を繰り返すような形で進んだ。さらに大隊は指揮所の警備や戦場からの負傷者の回収、弾薬の運搬もおこなった。人的損害は負傷者3名、戦車の損害は1両が全焼、2両が撃破され、3両が機械故障で機能を喪失した。

●第38戦車大隊　1939年12月20日から前線にあり、T-37戦車を装備していた。1940年2月25日までの損害は戦車18両で、そのうち4両は砲撃によるもので、残る車両は機械故障が原因であった。

●第41独立戦車大隊　1940年2月14日の時点でT-37およびT-38を54両保有していた。

●第81独立戦車大隊　1940年2月14日の時点でT-37およびT-38を37両保有していた。

●第204化学戦車大隊　キエフ軍管区から1939年11月25日に前線に到着し、20両のKhT-26と30両のKhT-130を保有していた。1939年11月30日から12月25日の間は第70狙撃兵師団とともに戦闘に参加し、その後は第23狙撃兵軍団の指揮下に入り、そこで終戦まで行動した。

　冬戦争を通じての大隊の損害は、戦死者23名、負傷者33名、凍傷罹患者1名、行方不明者2名であった。
　戦車の損害は、32両が砲撃によっては解され、さらに5両が地雷で爆破された。このうち10両が全損となった。
　叙勲された者の内訳は、ソ連邦英雄―1名、赤星勲章―13名、レーニン勲章―8名、戦闘赤旗勲章―5名、名誉勲章―1名、敢闘記章―19名、戦功記章―3名である。

●第210独立化学戦車大隊　指揮官――ムラショフ大尉、政治委員――シャランヂン上級ポリトルーク。冬戦争開戦当時、7両のT-26と28両のKhT-130を持つ大隊は第24狙撃兵師団に付与された。

77：カレリヤ地峡での戦闘に対して勲章やメダルを拝領した第210独立化学戦車大隊の将兵たち。1940年3月。前列中央は大隊長のムラショフ大尉。（ASKM）

1939年11月30日～1940年3月13日の赤軍戦車旅団の行動

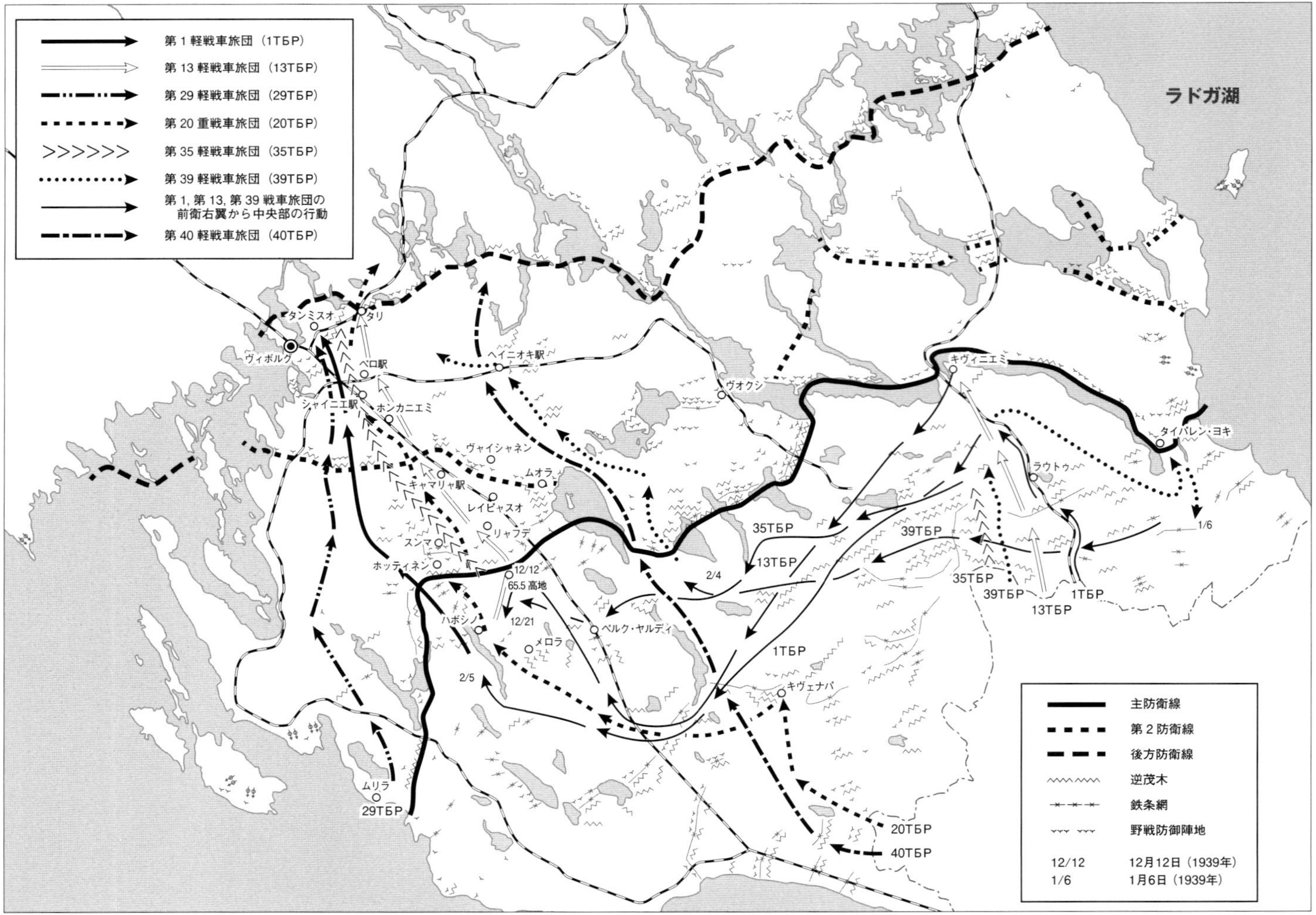

1939年12月7～15日の間はヴァイシャネン地区で行動し、戦車15両の損害を出した。一旦、兵器の補充のため戦闘から外れ、その後第50狙撃兵軍団に所属が変わり、同軍団とともに終戦まで行動した。

●第217独立戦車（テレタンク）大隊　指揮官──レベヂェフ上級中尉。1939年12月10日、大隊は第20重戦車旅団の指揮下に入る。12月17日、大隊の隷下中隊は第20重戦車旅団配下の大隊とともに行動した。第1中隊は手動操縦で第123狙撃兵師団の歩兵を支援し、その後は3個の遠隔操縦戦車班を無線操縦に切り替えた。対戦車阻止柵のなかに通路がなかったため、第1中隊は1両のテレタンクを失って撤退した。第2、第3中隊は事前に地勢偵察もせずに5個の遠隔操縦戦車班を無線操縦で進ませた。テレタンクとともに第20戦車旅団の戦車も前進していた。対戦車阻止柵のところで強力な砲撃に遭遇し、両中隊は5両のテレタンクを失って撤退した。その後、第2、第3中隊は第650狙撃兵連隊に付与され、手動操縦で歩兵の支援に当たった。1039年12月21日から1940年2月8日まで大隊は車両の回収、修理と戦闘訓練をおこなっていた。

　2月10日には第7軍機甲兵課長から、ホッティネン地区の永久トーチカを爆破するため、テレタンク3両の訓練を実施するよう命じられた。テレタンクには爆薬が積み込まれ、戦闘進路の偵察の後に3両のうちの1両が第35永久トーチカに送り出された。しかしトーチカに到達する前に撃破され、爆発した。この後残る2両のテレタンクからは爆薬が取り外された。

　2月14～18日の間、テレタンク中隊は地雷原を啓開するために使用され、その際に4両の車両を地雷で失った。2月18日以降、大隊は予備に回され、戦闘には参加しなかった。冬戦争での人的損害は戦死者14名、負傷者16名であった。戦車の損害は全部で42両で、そのうち6両は全損となり、大型修理に送り出されたのは21両、大隊内で復旧されたのは15両であった。

●第80狙撃兵師団第307独立戦車大隊　1940年1月8日から前線にあり、32両のT-26と4両のKhT-26を保有していた。冬戦争の過程でさらに10両のT-26を補充された。人的損害は戦死者5名、負傷者19名。戦車の損害は、砲撃によるものが4両、地雷で爆破された車両が8両、機械故障が原因の車両が20両であった。

●第315独立戦車大隊　指揮官──エフトゥホフ大尉。1939年11月30日の時点で大隊は8両のT-26と28両のT-37を保有していた。冬戦争を通じての損害は、3両のT-26と1両のT-37が砲撃で撃破さ

れ、2両のT-26と7両のT-37が全焼し、1両のT-37が地雷で爆破され、1両のT-37が水没し、3両のT-26が機械故障が原因で機能を喪失した。このうち2両のT-26と8両のT-37が全損となった。

●第100狙撃兵師団第317戦車大隊　白ロシア軍管区のリーダ市から1940年2月に前線に到着し、その当時12両のT-26（6両は45㎜砲搭載、1両が砲搭載双砲塔型、他は機銃搭載双砲塔型）と3両のST-26、8両のT-37を保有していた。

●第4狙撃兵師団第320独立戦車大隊　1939年11月から前線にいた。1940年2月8日の時点で大隊は16両のT-26と17両のT-37およびT-38を保有していた。

●第17自動車化狙撃兵師団第350独立戦車大隊　前線には1940年1月20日からあり、19両のBT-7、4両のBT-5、9両のT-26を保有していた。

●第90狙撃兵師団第339独立戦車大隊　指揮官──コッカ上級中尉。前線には1940年2月29日からあり、12両のT-26、20両のT-37、2両のT-38を保有していた。冬戦争を通じて、6両のT-26と1両のT-37を砲撃で失い、5両のT-37が地雷で爆破され、機械故障による損害はT-37戦車8両であった。

●第83自動車化狙撃兵師団第355独立戦車大隊　1940年2月に前線に到着し、その当時37両のBTと12両のKhT-130を保有していた。2月15日から3月13日の間、ピエニペロ、オヤラ、ペロの地区で戦闘を展開した。ペロ駅を奪取した際には2両のヴィッカース戦車（1両は全焼、もう1両は覆帯が外れていた）と鉄道台車に載ったルノー戦車1両を鹵獲した。人的損害は戦死者11名、負傷者22名である。戦車の損害は、3両のBT-7と1両のKhT-130が砲撃で破壊され、6両のBT-7は地雷で爆破され、9両のBT-7が全焼、5両のBT-7が水没した。機械故障による損害は7両のBT-7と9両のKhT-130であった。

●第11狙撃兵師団第357独立戦車大隊　指揮官──エフィーモフ少佐。前線には1939年12月28日からあり、5両のT-37、6両のT-38、1両のT-26牽引車を保有していた。

●第70狙撃兵師団第361戦車大隊　指揮官──イヴァノヴィチ上級中尉。1939年11月30日、大隊は10両のT-26と20両のT-38でもって対フィンランド国境を越えた。12月2日、T-38戦車1個小隊が

イノ駅へ偵察に送り出された。小隊は任務遂行のため、急傾斜の岸に囲まれ、氷に覆われた川を泳ぎ渡る複雑な渡河を行ない、ソ連軍部隊の背後に廻り込もうとしていた砲兵を伴う1個大隊規模のフィンランド軍歩兵に遭遇した。戦車は交戦し、それは朝まで続いたが、これによってフィンランド軍の攻撃を頓挫させた。砲撃によって3両のT-38が撃破され、4名が戦死し、1名が負傷した。以後終戦まで大隊は第70狙撃兵師団部隊の支援に携わった。

　冬戦争を通じての大隊の人的損害は戦死者23名、負傷者18名、凍傷罹患者5名であった。また、地雷で2両のT-38と3両のT-26が爆破され、4両のT-38と11両のT-26が砲撃で撃破され、さらに各4両のT-38とT-26が機械故障により機能を喪失した。

●第95狙撃兵師団第372独立戦車大隊　1940年1月25日から前線にあり、2月25日の時点では13両のT-26戦車と1両のT-26牽引車を保有していた。

●第97狙撃兵師団第377独立戦車大隊　指揮官——シドレンコ大尉、政治委員——ピレツキー上級ポリトルーク。1940年1月28日から前線にあり、31両のT-26（このうち11両が双砲塔型）と6両のKhT-26を保有していた。冬戦争での人的損害は戦死者6名、負傷者4名、凍傷罹患者10名である。戦車の戦闘損害は5両のT-26と2両のKhT-26、機械故障による損害は13両のT-26と4両のKhT-26であった。

●第40狙撃兵師団第391独立戦車大隊　指揮官——フィリピシン大尉、政治委員——ニコラエフ・ポリトルーク。1939年12月2日から前線にあり、14両のT-26と12両のT-38を保有していた。1940年2月24日までの戦闘ですべての兵器を失い、以後は終戦まで師団本部の警備に携わった。人的損害は戦死者3名と負傷者11名である。

●第405独立戦車大隊　1940年1月26日から前線にあり、39両のT-26と6両のKhT-26を保有していた。冬戦争では6両のT-26が砲撃で破壊され、地雷で爆破されたT-26は2両、全焼したT-26が3両、機械故障による損害はT-26が27両とKhT-26が6両を数えた。このうち4両のT-26は全損となった。

●第138狙撃兵師団第436独立戦車大隊　指揮官——マカロフ大尉。冬戦争開戦当時は7両のT-26と15両のT-37を保有していた。大隊戦車は1939年12月13〜18日の間はパピロ、ホッティネンの地

78

79

78，79：戦闘を終えて前線から撤収する第377独立戦車大隊の戦車。カレリヤ地峡、1940年3月。T-26戦車1931年型（機銃、機銃・砲装備）の縦隊を先導しているのは、鹵獲されたフィンランド軍のヴィッカース戦車。白色に塗装されたT-26は3両のみで、そのほかは緑色であるのが注目される。（ASKM）

区で狙撃兵師団部隊を支援し、その後は師団指揮所の警備に携わり、1940年2月5～10日はホッティネン地区で歩兵の支援に当たったが、すべての兵器を失った。

●第150狙撃兵師団第442独立戦車大隊　指揮官——チモシェンコ大尉。1939年11月30日から前線にあり、9両の機銃搭載双砲塔型T-26戦車と19両のT-38戦車を保有していた。

●第142狙撃兵師団第445独立戦車大隊　1939年11月30日から前線にあり、9両のT-26と6両のT-37、10両のT-38を保有していた。

●第5狙撃兵師団第6独立偵察大隊　指揮官——ソルジェソフ大尉、政治委員——エルショフ上級ポリトルーク。カレリヤ地峡には白ロシア軍管区から到着し、BA-10装甲車を10両保有していた。戦闘には1940年1月28日から参加。冬戦争での損害は戦死者25名、負傷者7名、機械故障により機能喪失したBA-10装甲車3両であった。

●第33独立偵察大隊　1940年3月9日の時点でT-27豆戦車2両とSU-1-12自走砲（GAZ-AAA貨物自動車に搭載した76㎜連隊砲）2両を保有していた。

●第52狙撃兵師団第62独立偵察大隊　ピンスク市からカレリヤ地峡に到着した。戦闘には7両のBA-10装甲車と3両のBA-3装甲車でもって1939年11月30日から参加していた。

●第100狙撃兵師団第69偵察大隊　白ロシア軍管区のリーダ市から1940年2月に前線に到着し、2両のBA-3と9両のBA-10を保有していた。

●第80狙撃兵師団第100独立偵察大隊　1940年1月9日から前線にあり、10両のBA-10を保有していた。

●第84自動車化狙撃兵師団第114独立偵察大隊　指揮官——ポポフ上級中尉。ナロ・フォミンスク市で第4戦車連隊を基幹として編成され、BT-7快速戦車1両とBT-5快速戦車16両、BA-10装甲車4両、D-8装甲車1両を保有していた。1940年1月30日から終戦まで前線にいたが、損害は出さなかった。

●第150狙撃兵師団第175独立偵察大隊　10両のBA-10を保有して1939年11月30日から戦闘に参加していた。

80：ヴィボルグ市街の第29戦車旅団所属のBA-10装甲車。1940年3月13日。（ASKM）

81：自動車の縦隊に随伴するT-38戦車。カレリヤ地峡、1940年2月。（ASKM）

●第250装甲車大隊　1940年3月5日の時点で24両のBA-10と3両のBA-6、4両のBA-20、17両のFAI-Mを保有していた。

●第8独立装甲列車大隊　指揮官——カラシク少佐。白ロシア軍管区から1940年1月21日に前線に到着し、2本の装甲列車（軽装甲列車第16号、重装甲列車第21号）、DTR装甲手動軌道車1台、それに

82：戦闘活動が終了して前線から撤収する第377独立戦車大隊配下の戦車。カレリヤ地峡、1940年3月。(ASKM)

　線路を走ることもできる装甲車BA-10zhdを1両、BA-20zhdは6両保有していた。大隊は第19狙撃兵軍団長の指揮下に置かれた。2月6日以降、装甲列車はペルクヤルヴィ駅地区でフィンランド軍陣地を砲撃した。
　マンネルヘイム線主防衛地帯が突破され、レイパスオ～カマラ戦区の線路が復旧してからは、大隊は3月2日まで第123狙撃兵師団の歩兵のために援護射撃を行なった。
　3月6日から同12日にかけてのヴィボルグ攻防戦では第27狙撃兵連隊部隊を支援し、オヤラ地区とキエシリャ地区のフィンランド軍の射撃陣地を制圧していった。3月8日、大隊に試作装甲自走車MBV-2が戦闘条件下でのテストのために支給された。3月10日からMBVはリイマッタ小駅地区での開放陣地からの射撃でフィンランド軍の火点を制圧していった。このときフィンランド軍の一部の砲兵中隊や迫撃砲中隊の射撃を自らにおびき寄せることによって、友軍歩兵の前進を助けた。
　2月7日から3月13日の間に装甲列車とMBV装甲自走車が消費した弾薬は、107mm砲弾が1,677発、76mm砲弾が5,252発であった。

狙撃兵連隊所属の戦車中隊

第7狙撃兵師団第27狙撃兵連隊戦車中隊──1940年1月26日の時点で17両のT-26を保有し、戦闘で10両を失った。

第7狙撃兵師団第257狙撃兵連隊戦車中隊──1940年1月26日の時点で7両のT-26を保有し、戦闘で全車両を失った。

第7狙撃兵師団第300狙撃兵連隊戦車中隊──1940年1月26日の時点で17両のT-26を保有し、戦闘で11両を失った。

第80狙撃兵師団第77狙撃兵連隊戦車中隊──1940年1月8日の時点で17両のT-26を保有し、戦闘で14両を失った。

第80狙撃兵師団第153狙撃兵連隊戦車中隊──1940年1月8日の時点で17両のT-26を保有し、戦闘で11両を失った。

第80狙撃兵師団第218狙撃兵連隊戦車中隊──1940年1月8日の時点で17両のT-26を保有し、戦闘で5両を失った。

83：ヴィボルグ市内のコムソモーレツ装甲牽引車。1940年3月13日。（ASKM）

84: 戦争は終わった！ ヴィボルグ市の中心部に整列したBA-10装甲車。これらの車両は冬季迷彩が施されておらず、標準の防護色 (4BO) の塗装である。1940年3月13日。(CAFM)

85：ヴィボルグ付近にいる第16号装甲列車。1940年3月。写真の手前には従軍映画カメラマンたちが写っている。（CAFM）

86：冬戦争が終わって前線から帰還する戦車兵たちが出迎えられている。レニングラード、1940年3月27日。（ASKM）

フィンランド戦車部隊の戦闘行動
БОЕВЫЕ ДЕЙСТВИЯ ФИНСКИХ ТАНКОВЫХ ЧАСТЕЙ

　1939年10月にすでにフィンランド軍戦車大隊の第1中隊と第2中隊がカレリヤ地峡のタイパレ、カマラ、ペロの地区に送り込まれていた。ルノー戦車の価値は実質的にゼロに等しかったため、それらは火点として使用された。その後の戦闘で34両あったルノー戦車のうち30両が失われた。

　冬戦争の勃発とともに第1、第2中隊の戦車兵は鹵獲した戦闘車両を回収する任務を与えられた。最初の鹵獲戦車が後方に届いたのは12月14日で、1940年2月中旬までに戦場から全部で27両の車両を回収することに成功し、そのうち5両は可動車両であった。さらに、撃破された戦車からは各種の部品ユニットと機器が取り外された。

　なかんずくフィンランド軍の戦車兵はスンマ地区で撃破されていた2両のT-28を回収することに成功した。ただし、その作業は1940年1月29日から2月9日までかかった。

　当初は戦利兵器を使って戦車小隊を6個編成することが計画されていたが、このアイデアは放棄され、2月13日に第1、第2戦車中隊の人員は後方に下がった。

　ヘイノネン中尉率いる第4戦車中隊は118名の将兵、13両のヴィッカース戦車（このうち10両はボフォース37mm砲搭載型）、自動二

87：地面に埋設され、固定トーチカとして使用されたフィンランド軍の戦車ルノーFT-17。1940年2月。(ASKM

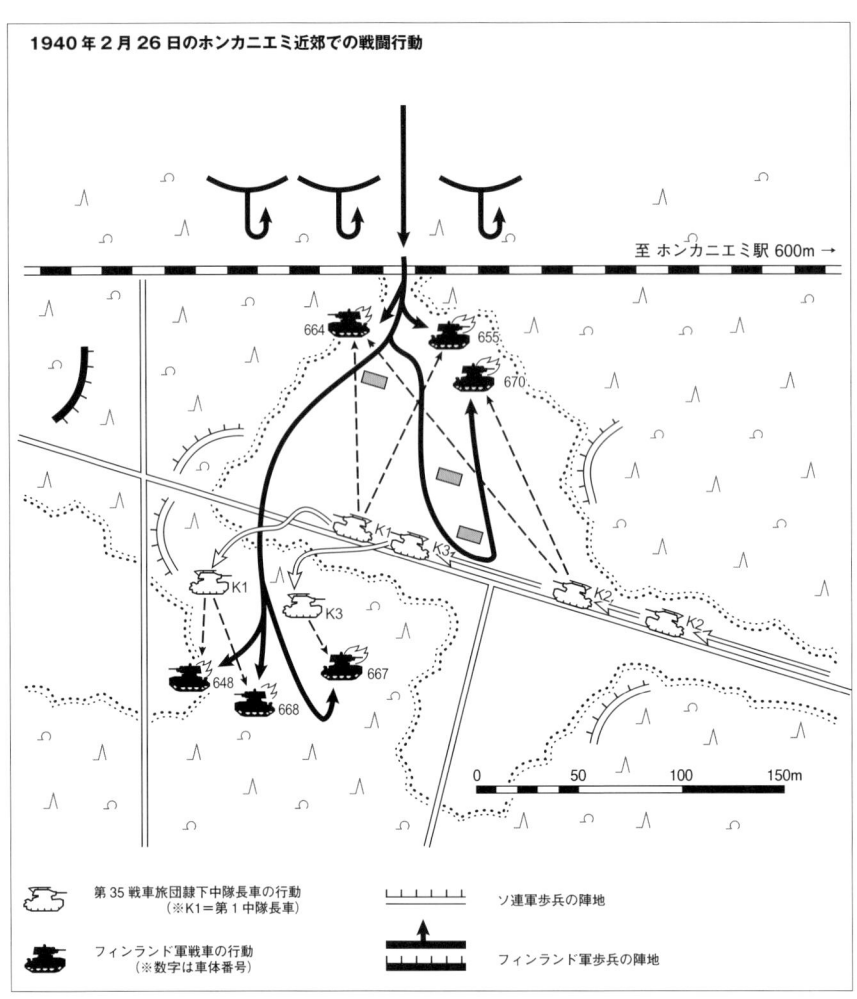

1940年2月26日のホンカニエミ近郊での戦闘行動

至 ホンカニエミ駅 600m →

凡例	
🛡 第35戦車旅団隷下中隊長車の行動 (※K1=第1中隊長車)	ソ連軍歩兵の陣地
🛡 フィンランド軍戦車の行動 (※数字は車体番号)	フィンランド軍歩兵の陣地

88

88：鹵獲したフィンランド軍第4戦車中隊のヴィッカース戦車を検分している赤軍兵。ホンカニエミ地区、1940年2月。（CAFM）

89.1940年2月26日にホンカニエミ地区で撃破されたフィンランド軍第4戦車中隊のヴィッカース戦車。(ASKM)

90：特別展『白色フィンランドの殲滅』に展示された赤軍の戦利品——ヴィッカース6トン戦車。レニングラード、1940年3月。(ASKM)

103

91：特別展『白色フィンランドの殲滅』に展示された赤軍の戦利品——ルノーFT戦車。レニングラード、1940年3月。（ASKM）

輪車5台、乗用車2台、貨物自動車13台を保有し、2月25日に前線のホンカニエミ地区に到着した。戦車は翌朝第23歩兵師団の歩兵の攻撃を支援する任務を受け取った。

2月26日0615時、8両のヴィッカース戦車（ボフォース砲搭載型）は戦闘に向かった。故障で2両が停車し、ソ連軍部隊の陣地に進出できたのは6両だけであった。しかしフィンランド軍の戦車兵は不運だった——友軍歩兵が戦車の後に続かず、偵察もよく行われていなかったため、ヴィッカース戦車は思いもかけずにソ連第35戦車旅団の戦車に行き当たった。フィンランド側の資料によると、ヴィッカース戦車は次の運命が待ち構えていた。

車体番号R-648のヴィッカース戦車は複数のソ連戦車の射撃で撃破されて全焼した。車長は負傷したが、友軍部隊のもとにたどり着くことができた。残る3名の乗員は戦死した。ヴィッカースR-655は線路を越えたところで撃破され、乗員に遺棄された。この戦車をフィンランド軍は回収することに成功したが、復旧は不可能な状態で、後に解体された。ヴィッカースR-664とR-667には複数の砲弾が命中し、走行できなくなった。しばらくの間はその場から射撃をしていたが、やがて乗員たちに遺棄された。ヴィッカースR-668は樹木を倒そうと試みたが、その上で擱坐してしまった。乗員のうちで助かったのは1名だけで、残りは戦死した。ヴィッカースR-670もまた撃破された。

ソ連第35戦車旅団の2月26日の作戦報告書にはこの戦闘につい

ては非常に簡単な記述しかない――「歩兵を伴うヴィッカース戦車2両が第245狙撃兵連隊の右翼に進出したが撃破された。4両のヴィッカースが友軍歩兵の救援に来たが、地勢偵察に来ていた3両の中隊長車の射撃によって破壊された」。

さらに短い記録が第35戦車旅団の戦闘日誌に残っていた――「2月26日、第112戦車大隊は第123狙撃兵師団部隊とともにホンカニエミ地区に進出した。そこでは敵が執拗な抵抗を示し、幾度か反撃に出てきた。ここでは2両のルノー戦車と3両のヴィッカース戦車が撃破され、そのうち1両のルノーと3両のヴィッカースは回収され、第7軍参謀部に引き渡された」。

鹵獲されたヴィッカース戦車のその後の運命は特定できなかった。ただはっきりしているのは、モスクワとレニングラードで開かれた特別展『白色フィンランドの殲滅』に1両ずつ展示されていたことだ。また、1両の戦車は第377独立戦車大隊に支給され、別の1両（R-668）はクビンカ演習場に送られ、そこで1940年の春から夏にかけてテストが行われた。

フィンランド第4戦車中隊に残っていたヴィッカース戦車はさらに何度か戦闘に参加した。2月27日、このうちの2両がペロ地区における第68歩兵連隊を支援しながら、ソ連軍の陣地を攻撃した。2月29日にはR-672とR-666が再び攻撃に出たが、これは失敗に終わった――ソ連第20戦車旅団の陣地に入り込んでしまったのだ。同旅団第91戦車大隊の文書ではこのエピソードにたった1行が割かれている――「ペロ駅攻撃の際、ヴァラコスキから北西1kmの地点で走行したまま2両のヴィッカースを射撃」。フィンランド側の資料によると、この戦闘では8名の戦車兵のうち3名が戦死し、1名が負傷した。

これらの戦闘の後、第4戦車中隊はヴィボルグに下げられた。3月6日、1両のヴィッカースがヴィボルグから南のフフタラ付近でのフィンランド歩兵による反撃に参加した。これはヴィッカース戦車にとって冬戦争最後の戦闘となった。フィンランド軍は全部で8両の戦車を失い、そのうち7両が赤軍に鹵獲されてしまった。1両だけは回収されたが、復旧できる状態にはなく、解体された。

ランズヴェルク装甲車は冬戦争ではタイパレ地区で騎兵旅団のなかで行動したが、1939年12月26日に後方に外された。

フィンランド軍の装甲列車は1本がカレリヤ地峡での戦闘に、もう1本はペトロザヴォーツク方面での戦闘に参加した。どちらにおいても装甲列車は閉鎖陣地からの対敵射撃に使用された。

冬戦争ではフィンランド軍の戦車は損害は出したものの、ヴァルカウス市に集められた鹵獲戦車によってかなりの補充された。同市のA・アールストローム（A.Ahlstrom LTD）機械製作工場の中に戦

車修理廠がつくられ、そこで162両の鹵獲兵器が修理された。フィンランド戦車部隊には1940年に次の兵器が支給された──T-26軽戦車34両、KhT-26化学戦車2両、KhT-130化学戦車4両、T-28重戦車2両、T-37水陸両用戦車29両、T-38水陸両用戦車13両、コムソモーレツ牽引車56両、BA-6およびBA-10装甲車10両、FAI、FAI-M、BA-20の装甲車10両、D-8装甲車1両、BA-27M装甲車1両。

92：1940年2月26日のホンカニエミ地区での戦闘で撃破されたフィンランド軍のヴィッカース戦車。写真の奥手には第20重戦車旅団所属のT-28が見える。（ASKM）

93：あるヴィッカース戦車の中から鹵獲されたフィンランド軍の戦車ヘルメットをソ連軍の戦車兵が検分している。ホンカニエミ地区、1940年2月。（ASKM）

第3部

ラドガ湖北方での戦闘
БОЕВЫЕ ДЕЙСТВИЯ НА КАРЕЛЬСКОМ ПЕРЕШЕЙКЕ

軍事行動の推移
ОБЩИЙ ХОД ВОЕННЫХ ДЕЙСТВИЙ

　冬戦争が始まったときのソ連第8軍（司令官はI・ハバロフ師団長、1939年12月16日以降はG・シュテルン2等軍司令官）は麾下に第56狙撃兵軍団（第18、第56、第168狙撃兵師団）と第75、第139、第155狙撃兵師団、それに第34戦車旅団を保有していた。第8軍の任務は10日間のうちにトフマヤルヴィ～ソルタヴァラの線に進出し、その後カレリヤ地峡のフィンランド軍部隊の背後に廻り込んでソ連第7軍と合流することであった。ソ連第8軍に対峙するフィンランド第Ⅳ軍団（司令官はJ・ヘイスカネン将軍、その後V・ヘグルント将軍に交代）は、全部で2個歩兵師団（第2、第13）しか持っていなかった。

　当初はソ連軍の侵攻は順調に進んでいた——一週間の戦闘でソ連軍部隊はフィンランド領に70kmも侵入していた。この事態を憂慮したフィンランド軍総司令官のK・マンネルヘイムは第Ⅳ軍団に増援部隊を派遣するよう命じた。1939年12月5日にはP・タルヴェラ大佐を長とする増援部隊が歩兵大隊8個と歩兵連隊1個とで編成された。タルヴェラ隊は少数ながらも12月12日には反撃に転じ、3日間でソ連第139狙撃兵師団を壊滅させた。さらにその後、隣にい

94：出撃線に進出するT-26戦車とコムソモーレツ牽引車。ソ連第8軍地帯、1939年12月2日。（CAFM）

た第75狙撃兵師団も同じ運命をたどることとなった。両師団とも多大な損害を出し、この戦区での前線は冬戦争が終わるまで動かなかった。

これと同時に第Ⅳ軍団部隊はソ連第8軍左翼師団に対する攻撃も開始した。フィンランド軍の圧力を受けたソ連第18および第168狙撃兵師団は12月19日以降攻撃を中止し、防御に移らざるを得なくなった。

1939年12月の末から1940年1月の初頭にかけてフィンランド軍部隊は二つの攻撃を発起した――一つはソルタヴァラ方面から、もう一つはピトカランタからの攻撃である。その結果、キテリャ～コイリノヤ～ウオマスの戦区では第18および第168狙撃兵師団と第34戦車旅団が包囲された。1940年1月に包囲網突破の試みが繰り返されたが、いずれも失敗した。キテリャ付近の大包囲網の中にいた第168狙撃兵師団にはラドガ湖の凍結した湖面を利用したり、航空機を使って補給することは可能だった。しかし個々ばらばらの守備隊ごとに防御戦闘を行っていた第18狙撃兵師団と第34戦車旅団の隷下部隊が置かれた状況は非常に苦しかった。

部隊指揮の便を図り、1940年1月10日に第8軍の南側の部隊を同軍から外して、これらの部隊を2月12日に第15軍（司令官はM・コヴァリョフ2等軍司令官、2月25日以降はV・クルヂュモフ2軍司令官）へ改編した。第15軍の編成には包囲されていた部隊（第18および第168狙撃兵師団と第34戦車旅団）に加え、新たに前線に到着した第11、第37、第60、第72狙撃兵師団、第25自動車化騎兵師団、さらに空挺旅団3個が入った。第15軍の任務は包囲された部隊との連絡を回復し、ラドガ湖のマクシマンサーリ、パイミオンサーリ、ペチャイヤサーリの島々を獲得し、その後はソルタヴァラに向けて進撃することであった。

攻撃は3月6日に始まった。三島は夕方までに占拠し、また包囲されていた第168狙撃兵師団との連絡も確立された。冬戦争の終わりまでに第15軍部隊はさらに数kmほどピトカランタ方面に進むことができた。第18狙撃兵師団と第34戦車旅団はといえば、両方ともフィンランド軍によって殲滅された。包囲網から脱出できたのは、散り散りになった将兵が身を寄せ合う個々の群れだけであった。

第8軍は2月15日にはかなりの補充を受け、第1狙撃兵軍団（第56、第75、第164狙撃兵師団、第24自動車化騎兵師団）と第14狙撃兵軍団（第87および第128狙撃兵師団）、それに第139および第155狙撃兵師団を擁していた。第8軍の任務はコッラへの進撃とフィンランド軍ロイモラ部隊の殲滅であった。そして3月12日には粘り強い戦闘を経てタルヴェラ隊を南方と西方に退けて、フィンランド軍の防衛線を占拠した。

戦車部隊の行動
ДЕЙСТВИЯ ТАНКОВЫХ ЧАСТЕЙ

　ソ連第8軍と第15軍が行動していた地帯は全体が森林と沼地の地域であり、道路の数は非常に少なく、しかも大半が舗装されていなかった。1939年から1940年に掛けての冬は積雪が110～125㎝に達し、河川には厚さ40～60㎝の氷が張りつめ、気温は零下40度を下回った（とくに1月15日～18日はマイナス58度！にまで下がった）。

　ここでのフィンランド軍の防御は横の線と縦の方面、そして個々の火点を単位に形成されていた。主な防御線は、トゥレマ川沿い、ウクスプ川沿い、ヤニス川沿いに構築され、なかでも最後のヤニス川沿いの防御線は工兵施設、天然の障害物の数と質の両面で、ソ連第8軍、後に第15軍の進撃方面における防御の中核をなしていた。大きな町と道路の要衝はすべて歩兵1個中隊～大隊規模の要塞地帯が置かれていた。ソ連戦車が遭遇したのは現地の厳しい自然環境だけでなく、フィンランド軍の天然および人工障害物と射撃の複合的な防御であった。ソ連戦車に対してフィンランド軍は以下の手段を使用した——口径37㎜～45㎜の火砲、対戦車ライフル、地雷原、火炎瓶（多く使用されたが、走行中の戦車ではなく、すでに撃破された戦車に対してのみ使用された）、逆茂木、対戦車壕、傾斜壁、阻止柵、対砲塔障害ロープ。フィンランド軍のなかにあった45㎜砲は、ソ連第75および第139狙撃兵師団が壊滅した際に鹵獲されたものであった。そもそもフィンランド軍が保有していた対戦車砲の数は少なかった。対戦車砲は通常、道路の両側800～1,000mのところに掘られた掩体のなかに据えられ、ちょうど正面または戦車が進む可能性のある側方に向けて射撃した。

表9.　1939年11月30日の第8軍戦車部隊の戦闘編成（単位：両）

部隊名*1	T-26	KhT-26・KhT-130	T-37・T-38	BA-10	FAI*2
421otb	11	—	12	—	—
129orb	—	—	—	—	2
162orb	—	—	21	6	—
368otb	16	—	22	—	—
54orb	—	—	—	5	—
410otb	15	—	22	—	—
38orb	—	—	—	10	—
381otb	17	—	20	—	—
56orb	—	—	—	7	—
456otb	12	—	15	—	—
187orb	—	—	—	9	—
111otb	54	—	—	—	—
218khtb	—	31	—	—	—
201khtb	—	51	—	—	—

注*1：otb＝独立戦車大隊、orb＝独立偵察大隊、khtb＝化学戦車大隊
注*2：FAI軽装甲車

95：歩兵を跨乗させて戦場に向かう第111独立戦車大隊のT-26戦車（写真手前の車両は1933年型でハンドル形アンテナと砲塔尾部に機銃を備えている）。（ASKM）

　最も効果的で重要な対戦車手段だったのが地雷原である。地雷原対策としては携行地雷探知機とT-26vローラー式地雷処理戦車が使用された。前者は常に有効というわけではなく、また後者も積雪が1m以上になると、地雷を爆破させることなく通過していた。

　戦車はしばしば、口が4m×6mまたは6m×8mの大きさで、深さが2～3mの罠「狼の穴」にはまった。対戦車壕は全長300～500mで、他の障害物と組み合わせてつくられた。石製対戦車阻止柵は両翼が他の自然障害物につながっていた。それらは通常、直径40cm～50cm、高さ70cm～100cmの大丸石からつくられ、4列の市松模様に配置されていた。

　対砲塔ロープはフィンランド軍防御の奥の方で見られた。戦車はこれに遭遇すると、ロープが結び付けてある一方の樹木を搭載砲でなぎ倒した。

　開戦当初に第8軍には第34戦車旅団（戦車174両、装甲車25両）が到着した。旅団は第18狙撃兵師団に付与され、カレリヤ地峡のフィンランド軍部隊の背後に進出する任務を受領した。しかし戦車旅団の使用は失敗に終わった。5日間にわたって絶え間ない戦闘を繰り返しても、旅団は前進することができなかった。それどころか1939年12月の末には第34戦車旅団のほうがフィンランド軍に包囲されてしまった。包囲網のなかですべての兵器と多数の将兵を失い、

残存兵員が脱出に成功したのは1940年2月のことであった。

初期の戦闘では、偵察活動の訓練が実際はよくできいなかったことがはっきりした。戦車兵は歩兵の偵察（とくに戦闘の過程において）歩兵の偵察を当てにしていたが、一方、歩兵は戦車を自分たちのための偵察手段と見なしていた。それが大きな損害と進撃の遅滞につながった。たとえば、1939年12月14日に第201化学戦車大隊のあるKhT-26がシュスクヤルヴィ方面で偵察活動をおこなっていたスキー偵察隊に付与された。路上で遭遇した逆茂木を迂回しようとしたこの戦車は小川に落ち込んで擱座した。偵察隊は敵の射撃を受けて撤退を始めた。その際戦車は放置され、支援も受けられず、車両を守ろうとして戦った乗員とともに破壊された。

またナウーモフ中尉の戦車（第34戦車旅団）は、フィンランド軍が支配するシュスクヤルヴィ村で偵察をおこなっていたとき地雷を踏んでしまった。一気に包囲された戦車は長時間射撃を浴び、最後に放火された。乗員は戦車を遺棄し、手榴弾で脱出路を切り開いて、2日後に友軍部隊のところにたどり着いた。

1939年12月19日、第75狙撃兵師団本部は6両のT-26戦車を50名の歩兵隊とともに、あたかも撤退中とされたフィンランド軍部隊を攻撃するために送り出した。道路を進んでいたこれらの戦車は、フィンランド軍によって彼らの陣地の奥へ引き込まれ殲滅されてしまった。

対フィンランド作戦初期の攻撃の組織はきわめてずさんであった。攻撃部隊は梯団隊形にされず、敵は押し返されるだけで殲滅されず、戦車の運用はでたらめであった。たとえば、第56狙撃兵師団はT-26戦車を保有していたが、先鋒部隊には射程の短いKhT-26化学戦車を付与した。その結果、フィンランド軍対戦車砲との最初の遭遇で車両はみな壊れてしまった。

冬戦争の初期は戦車はほとんど道路上を中心に行動していたが、その後は経験を汲んで路外で行動するようになった。このことは進撃のスピードを落とすことにはなったが、攻撃の成功率を著しく高め、兵器の損害を抑えることができた。

対戦車障害物を克服する手段は様々にあった。当初は戦車兵がみずから地雷原で進路を開削し、対戦車壕に橋を掛けていたが、戦争の終盤に向けては歩兵や工兵が戦車を支援するようになった。偵察活動も顕著に向上し、戦車が偽装された罠や対戦車壕に陥るケースも稀になった。

冬戦争勃発当時は戦車兵と歩兵、砲兵との連携行動、とりわけ戦車小隊や狙撃兵中隊レベルでの連携行動は良く遵守されていたのだが、初期の戦闘の後に弱い抵抗に遭うと、連携行動は簡略化、または無視されるようになっていった。

96：フィンランド軍の落とし穴に落ち込んだT-26戦車の回収作業。ソ連第8軍地帯、1939年12月。(ASKM)

　たとえば、1939年12月18日に第34戦車旅団第76戦車大隊は第208狙撃兵連隊長から、シュスクヤルヴィに対する連隊の攻撃を1個戦車中隊でもって支援する任務を受領した。戦車中隊長は自らの行動をどことも連携させずにシュスクヤルヴィを攻め、そこからフィンランド軍部隊を追い払ったものの、歩兵は戦車の後については来なかった。その結果、フィンランド軍は反撃に出て村からソ連戦車を追い出し、シュスクヤルヴィの防御拠点はフィンランド軍の掌中に残ったままとなった。

　12月14日、コッランヤルヴィ地区でフィンランド軍部隊が第37狙撃兵連隊を反撃し、連隊は連隊砲兵と対戦車砲兵を掩護なしに置き去りにした。さらに連隊長の性急でしかも不明瞭な命令を受けた第111戦車大隊の1個小隊が砲兵隊の救援に向かった。戦車小隊長

表10. 1939年11月30日～1940年3月13日のソ連第8軍戦車部隊の損害
（第18及び第168狙撃兵師団、第201化学戦車大隊、第34軽戦車旅団を除く/単位：両）

戦車・装甲車の車種	参戦車両数	損害 砲撃	地雷	損害計
T-26戦車	247	56	9	65
KhT-26・KhT-130戦車	47	21	5	26
T-37・T-38戦車	54	17	3	10
BA-10装甲車	39	7	3	10
BA-20装甲車	23	3	—	3

のポドルーツキー中尉は任務をはっきり確認しないまま、地理も良く把握せず、歩兵との連携もせずに戦闘に飛び込んだ。砲兵の応援をした戦車小隊は、地理を知らずに対戦車壕に落ち込んだ。戦車はこれを乗り越えることができず、対戦車砲の射撃の下で壊滅した。

しかし全兵科間の行動がよく組織されている場合は、攻撃は成功した。1939年12月9日、第184狙撃兵連隊のある大隊が包囲された。これを突破させるために第111戦車大隊から1個小隊が抽出された。小隊長のチェルノフ中尉は任務をはっきり認識し、小隊内だけでなく、歩兵と戦車支援砲兵との連携行動を組織した。2個梯団で攻撃を仕掛けた戦車小隊は敵の包囲を突き破り、歩兵大隊を損害を出さずに包囲網から助け出し、その後退を掩護し、さらに新しい線を占拠した。

1940年1月には第8軍機甲兵課が新着戦車部隊のなかで、フィンランドの森林沼沢地帯での戦車部隊運用の特徴、戦車部隊の戦闘行動についての解説を行なった。毎回の戦闘の前に後方で戦車兵と、支援する歩兵、砲兵との合同研修も行なわれた。戦車乗員は実地での訓練、道路外での操縦訓練、障害物克服訓練に携わった。これらはすべて1940年3月の戦闘行動で成果を発揮した。

1940年1月、2月の第34戦車旅団や第201独立化学戦車大隊、第

97：第111独立戦車大隊のT-26戦車1933年型の行軍縦隊。ソ連第8軍地帯、1939年12月。中央の車両は夜間射撃用ライトを装備している。（ASKM）

18狙撃兵師団第381独立戦車大隊が包囲戦は典型的な戦闘とは言えない。戦車は包囲網の解囲に積極的な行動をとっていないからだ。しかも戦車は南レメッティの道路沿いの全長2km、幅120〜600mの狭い地区を占めていただけで、燃料の欠乏が戦車の機動力を奪っていた。そのため戦車は固定の火点として使用されたのである。

　防御戦闘における戦車は主として部隊間連接部と翼部の固め、道路と指揮所の警備に使われた。このような中で歩兵による戦車の掩護はしばしば欠けていた。フィンランド軍はこのことに乗じて、夜間に対戦車砲を橇で運び、ソ連戦車を至近距離から射撃した。こういう形で第111戦車大隊の2両の戦車が全焼した。敵の攻撃を撃退するときは、戦車は常に肯定的な結果をもたらした。

　撃破された戦闘車両の回収は軍部隊と第19回収トラクター中隊によって行なわれた。民生部門から送り込まれてきたSTZ-3トラクター34台を保有するこの中隊が冬戦争を通じて回収した車両は、T-26戦車119両、T-37戦車16両、装甲車9両、T-20戦車120両、トラクター69台、自動車1,662台を数えた。

　軍の戦車部隊は修理資材状況が悪かった。開戦当初にあった応急修理車A型は定数の54%、同じくB型は16%に過ぎなかった。そのうえ、多くの修理所には工具や設備が不足していた。第174工場から派遣された修理隊は戦争の間多大な作業をこなし、1940年1月1日以降の応急修理は362件、戦車の中型修理は153件、装甲車の中型修理は110件にのぼった。

　冬戦争を通じての損害補充は、第8軍がT-26を10両、BT-7を5両、KhT-133を69両、BA-10を10両、BA-10を50両受領し、第15軍は129両のT-26を受け取った。それらの中には、冬戦争の最後に到着した増加装甲付きの15両のT-26戦車も含まれる。

98：戦場に向かう第100独立戦車大隊のT-26戦車1933年型（ハンドル形アンテナ、回転式高射機銃座P-40、夜間射撃用ライトを装備）。ソ連第8軍地帯、1940年2月。（CAFM）

第34戦車旅団長、S・コンドラチエフ旅団長（現時点で見つかっている唯一の写真）

■第34軽戦車旅団
34-Я ЛЕГКОТАНКОВАЯ БРИГАДА

　指揮官――S・コンドラチエフ旅団長、政治委員――ガパニュク連隊コミッサール。旅団は「大教育召集」のときに第2予備戦車連隊（ナロ・フォミンスク市）を基幹として編成された。1939年9月21日には戦時定数までの兵力拡充が完了し、以下の部隊と装備を保有するに至った――第76、第82、第83、第86戦車大隊、第224偵察大隊、第1自動車化狙撃兵大隊、第274修理復旧大隊、第322自動車輸送大隊、第23戦闘支援中隊、第62工兵中隊、第84通信中隊、第324医務衛生中隊；戦車238両（主としてモスクワ軍管区隷下部隊から抽出したBT-5快速戦車）、装甲車25両、トラクター13台、応急修理車A型41台、応急修理車B型7台、タンクローリー73台、自動車317台。戦闘兵器は満足できる状態にあり、兵員は良く訓練されていたが、フィンランドの特殊条件下で行動に必要な能力は皆無だった。第34軽戦車旅団の指揮官であるS・コンドラチエフ旅団長はすでに戦闘経験を持っていた――スペイン内戦当時、彼は第1国際戦車連隊を指揮し、レーニン勲章を受章していた。1939年10月の初めにこの旅団はラトヴィア国境に送り出され、12月の初頭には第8軍の編成に移された。第86戦車大隊は旅団の編成から抽出され、ムルマンスク近郊に派遣された。

　12月13日に戦車旅団は第56狙撃兵軍団に付与され、ソルタヴァラを攻撃してカレリヤ地峡のフィンランド軍部隊の背後に廻り込む任務を帯びた。この時点で旅団が保有していた装甲車両は143両のBT-5快速戦車、28両のBT-7快速戦車、3両のKhT-26化学戦車、25両のBA-20装甲車であった。12月14日から同17日にかけて戦車兵はシュスクヤルヴィとウオモスを巡る粘り強い戦闘を繰り広げたが、それらを奪取することはできなかった。地理的な条件（森林、沼地、大丸石）が戦車の大量投入を許さなかったからだ。すべの戦闘行動が細い道路に沿った動きに制限され、さらに歩兵が消極的だったために、戦車兵が到達した線を固めることができなかった。

　そしてフィンランド軍部隊の反撃の結果、1940年1月1日、2日には戦車旅団が第56狙撃兵軍団部隊から切り離されてしまった。このため第34戦車旅団本部の南レメッティでの全周防御が組織され、そこでは工兵、通信兵、旅団後方管理部隊からなる、全部で450名程度の混成狙撃兵大隊が編成された。北レメッティとミトロに包囲された別の友軍部隊との連絡をコンドラチエフは無線で維持していた。第179自動車化狙撃兵大隊2個中隊のレメッティへの突入の試みは失敗した。1月4日、フィンランド軍部隊は南北レメッティ間の道路を遮断し、戦車旅団は三分されてしまい、互いの連絡も絶たれてしまった。1月5日から14日にかけてフィンランド軍部

115

99, 100：第34軽戦車旅団部隊が壊滅した場所に遺棄されていたBT-5、BT-7快速戦車。ソ連第8軍地帯、南レメッティ、1940年2月。（ASKM）

　隊は包囲されたソ連軍部隊への攻撃を続け、後者の状態は日に日に悪化していった。第76戦車大隊長のS・リャザノフ大尉はコンドラチエフ旅団長に対して何度も無線でこう訴えていた——「援助をお願いします。損害が大きいです」。しかし応答はこうだった——「自力で耐えろ、救援はない」。リャザノフは包囲網脱出のための諸任務を割り当てるため大隊の指揮官たちを集めた。ところが大隊にいたNKVD（内務人民委員部）特別隊員は大隊長を臆病と非難し、包囲網脱出を許可しなかった（訳注：NKVD特別隊員は軍隊内の統制、士気低下への対策、防諜など、"内部の敵"との闘争のために配置されていた）。するとリャザノフは怒鳴った——「俺が大隊の指揮官だ。俺の指示を実行しろ！」。だがこの後、NKVD特別隊員は大隊長を射殺した。その結果12月4日の時点で第76戦車大隊で生き残ったのはわずか19名に過ぎず、彼らはなんとか南レメッティの戦車旅団本部まで逃げ延びた。

　1940年1月はまだ戦車旅団は装輪車両を放棄すれば包囲網から

脱出することが可能だった。コンドラチエフは1月の末に第56狙撃兵軍団と第8軍の司令部に脱出の許可を要請した。旅団内では橇やスキーを用意し、まだ残っていた戦車内の燃料（少ししかなかったが）や糧食、弾薬などもすべて持ち出そうとしていた。しかし第8軍司令官のG・シュテルンは「耐えよ、救援が向かっている」と無電を送り、包囲網突破を禁じた。結果的に戦車旅団部隊はさらにほぼ一ヶ月もの間、外からの支援もなしに包囲網の中で戦い続けることとなった。栄養不足のために多くの兵員が鳥目になり、フィンランド軍部隊は夜になると塹壕にやってきて手榴弾を投げ込んでいった。フィンランド軍部隊の行動がとくに活発だったのが2月12日から同18日の間である。この時には、ミトロで防御戦闘を展開していた戦車旅団部隊が第168狙撃兵師団部隊と合流し、この師団のなかで包囲されたまま終戦まで戦い続けることになる。南レメッティにいた部隊は2月28日の夜に3個のグループに分かれて包囲網からの脱出を始めた。包囲されていた820名の将兵のうち友軍部隊に生還したものは171名に過ぎなかった。包囲網突破の際に戦車旅団の指揮官であるコンドラチエフ旅団長、旅団政治委員のガパニュク連隊コミッサール、政治課長のテプリューヒン連隊コミッサール、NKVD特別課長のドロンキンは拳銃で自害した。恐らく彼ら幹部たちは生き残ったとしても、裏切り者や臆病者として非難されて銃殺されることが分かっていたのだろう。

　第34軽戦車旅団の戦闘行動の結果は惨憺たるものだった——1939年12月4日の時点で編成内にいた3,787名のうち、戦死者902名、負傷者414名、凍傷や病気に罹患した者94名、行方不明者291名の合計1,701名（ほぼ50％！）もの損害が出た。上級指揮官たちは大隊長全員を含め27名が戦死した。

　1940年3月23日、第34戦車旅団が壊滅した場所から兵器の損害に関する報告が赤軍機甲局長のD・パヴロフ軍団長に送られた——「現地に残る旅団戦車は、北レメッティに25両、南レメッティに33両、ウオモスに9両、ミトロに20両、ラヴォヤルヴィ～ウオモス間の道路に19両、コンピナヤ小駅に2両、南北レメッティ間の道路に9両、合計117両。

　旅団が保有する戦車は、可動車両が37両、第8軍参謀部付車両が3両、故障車両集積所に8両、合計48両。11両が未発見で捜索中。すべての戦車が敵によって使用不能となっており、武装、工具、無線機、弾薬もすべて取り去られている。また、すべての戦車から砲塔と砲塔基台がガスバーナーで切除され、取り去られている」。

第**4**部

ソ連第9軍地帯での戦闘
БОЕВЫЕ ДЕЙСТВИЯ В ПОЛОСЕ 9-Й АРМИИ

軍事行動の推移
ОБЩИЙ ХОД ВОЕННЫХ ДЕЙСТВИЙ

　開戦当時の第9軍（司令官はM・ドゥハーノフ軍団長、1939年12月22日以降はV・チュイコフ軍団長）には特別狙撃兵軍団と第47狙撃兵軍団（第44、第54、第122、第163狙撃兵師団）が入っていた。第9軍はオウルに進出することによってフィンランド領を二分する任務を帯びていた。

　戦闘を展開する地域の環境は第8軍地帯よりもさらに苛酷であった。天候は荒々しく、住宅は稀にしか見られず、道路網は未発達で、道路自体も非常に狭かった。そのためここでは、連綿と続く前線というものはなく、進撃師団は互いに数十kmも離れていた。レポラ〜クフマン方面では第54狙撃兵師団が進撃し、一週間の戦闘で50kmほどフィンランド領の中に食い込んだ。フィンランド軍司令部が至急編成したヴォッコ旅団は粘り強い戦闘でまずこの進撃をストップさせ、さらに1940年1月には第54狙撃兵師団部隊をラスティ地区

101：第163狙撃兵師団が壊滅した場所でフィンランド軍に鹵獲されたBA-27装甲車。本車はヴァルカウス修理所の中にある。1940年4月。（E・ムーイック氏所蔵の写真）

に包囲した。師団を指揮するグセフスキー旅団長は全周防御を組織し、1月29日から3月13日までこの師団は包囲の中で分散された個々の部隊単位で戦闘を続けた。

第122狙撃兵師団はカンダラクシャ～サッラ方面で進撃していたが、対抗するフィンランド軍部隊を打ち砕いて1939年12月16日には200kmもフィンランド領内に侵入していた。12月18日、K・ヴァレニウス少将のラップランド集団（歩兵大隊8個）の諸部隊が第122狙撃兵師団に反撃して、これを20kmばかり押し返し、防御に移ることを余儀なくさせた。前線はここで終戦まで安定することとなった。

ウフタからはスオムッサルミの方面に第163狙撃兵師団が前進していた。1939年12月11日から同28日にかけてH・シーラスヴオ大佐率いる第9歩兵師団は反攻に転じ、第163狙撃兵師団を駆逐した。ソ連軍部隊は無秩序にキアンタヤルヴィ湖に沿って撤退し、ユントゥスランタ地区で防御に就いた。

第163狙撃兵師団の救援に派遣された第44狙撃兵師団は、1940年1月2日に包囲されてしまった。この師団は冬戦争勃発の直前にウクライナからカレリヤ地方に移されたばかりで、豪雪の森林湖沼地帯での行動経験がなかった。第44狙撃兵師団長のヴィノグラードフ旅団長は過去一年間に大隊長から師団長へと大出世を遂げていたが、包囲網からの突破をしかるべく組織することができず、1940年1月7日には師団はほぼ全滅の状態にあった。師団長と政治委員と参謀長は「裏切りと臆病」のために銃殺された。

1月の末には第54狙撃兵師団を解放すべく、ニキートフ師団長を指揮官とするレポラ方面機動集団が編成された。ニキートフ集団は2月2日に攻勢に転じたが、酷寒と吹雪のために任務を遂行することができなかった。

2月22日以降、第9軍は3月15日〜17日に予定されていた攻勢の準備をしていた。戦闘行動は3月7日に第163狙撃兵師団の攻撃によって始まったが、戦闘行動の停止によって計画のすべては実現しなかった。

戦車部隊の行動
ДЕЙСТВИЯ ТАНКОВЫХ ЧАСТЕЙ

冬戦争が始まった当時の第9軍の戦車部隊は、第122狙撃兵師団第177独立偵察大隊（T-37戦車17両、装甲車2両）と第163狙撃兵師団独立偵察大隊（T-37戦車12両、T-38戦車2両、D-8装甲車3両、BA-27装甲車2両）であった。

これらの部隊は当初は偵察と戦闘警備、連絡の目的で運用されていた。その後第163狙撃兵師団がペタンコ～スオムッサルミ間の道

102：第44狙撃兵師団部隊が包囲網を突破した地点。この車両は45㎜対戦車砲を牽引していた第312独立戦車大隊所属のT-37戦車。ソ連第9軍地帯、1940年2月。（ASKM）

路に進出すると、その数少ない戦車は狙撃兵連隊の間で分けられた。15日間の戦闘でほぼすべての戦車が地雷で爆破されて機能を喪失した。

　1939年12月5日から同27日にかけて、第9軍には第100、第79、第365、第302、第97独立戦車大隊が加わり、さらに第44狙撃兵師団とともに第312戦車大隊と第4偵察大隊が到着した。第100および第97戦車大隊はT-26を47両ずつ保有していた。その中にはホチキス37㎜砲と機銃搭載した双砲塔の1931年型も含まれていたが、それ用の砲弾は終戦に至るまで第9軍の倉庫にはなかった。第302戦車大隊は双砲塔型T-26を7両（6両は機銃搭載型、1両が砲・機銃搭載型）持つだけで、戦闘には参加しなかった。

　全大隊の兵器の消耗度は大きく、50％の車両の耐用期間は50〜75時間を超えなかった。これらの大隊は第9軍に到着すると順次狙撃兵師団に付与されていき、狙撃兵師団と戦闘行動をともにした。しかも決まって、貨車から降ろされた場所から前線まで戦車は180〜270㎞も自走していかねばならなかった。その結果、各戦車大隊は戦場に到着するや否や7〜10両の車両を大修理に出さねばならなくなり、戦車の集結には5〜15日間を費やさねばならない状態に置かれた。

　修理資材は戦車大隊の中になく、大隊も性急に編成され、兵員もお互いを良く知らず、射撃の仕方も知らず、操縦手たちは冬季の不

整地での車両操縦の訓練を受けていなかった。

　戦車と歩兵、砲兵との連携行動はとられず、連携行動のための信号も定められておらず、偵察は拙劣であった。戦車大隊は中隊以下の小部隊や（とくに初期の戦闘では）個々の車両単位にまで分散されたことは、否定的な結果につながった。山岳や森林、120cmにも達する積雪、零下50度にも下がる酷寒といった戦場の厳しい環境が、そうとう戦車の運用を難しくした。しかしながら、攻撃が良く考えられ、歩兵や砲兵との連携が組織されていれば、成果をもたらした。たとえば、1939年12月8日に第100戦車大隊の1個戦車中隊は歩兵の一隊と連携して、クオコヤルヴィへの近接路にフィンランド軍が構えていた待ち伏せ陣地を破壊し、敵の翼部と後方に廻り込んでクオコヤルヴィ市の陥落を決定付け、事実12月9日にかけての夜間に同市はソ連軍の手に落ちた。

　12月11日、第100戦車大隊は大胆な機動でミャルキャルヴィに突入して、フィンランド軍の撤退中の部隊と輸送隊を攻撃し、8挺の機関銃と25,000発の銃弾、多数の手榴弾と地雷を鹵獲した。このフィンランド軍部隊はパニックに陥って壊走し、橋を爆破することも、部隊を再編成することも間に合わなかった。こうしてミャルキャルヴィは陥落した。

　12月の6日と7日は第97戦車大隊の1個戦車小隊が砲兵と緊密な

103：第163狙撃兵師団第117独立偵察大隊に所属していたこのD-8装甲車は、フィンランド軍が部隊本部車としてなんと1943年の11月まで使用していた！装甲車がこの写真に納まったのは1941年末のことである。（E・ムイック氏所蔵の写真）

103

連携をとりながら、アラス湖とソウノ湖との間の地峡にあるフィンランド軍の掩蔽壕の火点を殲滅した。これにより、第337狙撃兵連隊による地峡の奪取が確実となった。

作戦期間中で最も首尾よい活躍を見せたのは第100戦車大隊である。単独行動の任務を帯び、大胆に道路から外れ、戦場で機動を展開した。だが、この肯定的な経験はしかるべき発展をみず、戦車兵を含む多くの指揮官たちは終戦まで、このような地理的条件の下で戦車の運用が可能なのは道路上だけだとする見方を持ち続けた。

戦車偵察は歩兵との連携もなしに個々の戦車によっておこなわれていたため、しかるべき成果は出さず、戦闘車両の損害を出していた。たとえば、ユンテスランタ地区では第79戦車大隊のある戦車が前方に進んだところ、地雷で爆破された。狙撃兵部隊はこれを目にしたが、救援をおこなわず、結果として乗員は戦死した。

概して他兵科の部隊との連携が悪かったり、偵察が不充分であると悲劇的な結果につながった。1939年12月14日には第100戦車大隊の1個小隊がクルス地区で準備砲撃もなしにフィンランド軍部隊を攻撃した。ここにフィンランド軍が持っていた1門の対戦車砲が、短時間に5両の戦車を撃破した。そして大隊参謀長を含む9名の将兵が戦死した。

コルニサルミ地区では第97戦車大隊の1個小隊が偵察も準備砲撃もなしに、フィンランド軍防御陣地の最前線を攻撃した。その結果、3両の戦車が地雷を踏み、その乗員たちは二昼夜の戦闘を経て友軍部隊にたどり着くことができた。第44狙撃兵師団では、第312戦車大隊のある戦車が前方に飛び出したところ、フィンランド軍が逆茂木を使ってソ連歩兵から引き離してしまった。そのためイヴァンチュク少尉率いる戦車乗員は5日間も包囲されたなかで戦闘をし、友軍部隊によって解放されたのはようやく5日目の夕方のことであった。

1940年の1月に入ってから終戦まで、ソ連軍部隊が防御に転じたカンダラクシャとウフタの方面では積極的な戦闘行動はとられなかった。戦車は限られた数が指揮所や道路の警備に使用されただけである。だが、道路の警備は効果が薄く、フィンランド軍は夜間に道路を遮断するのが普通だったからだ。

第163狙撃兵師団が第54狙撃兵師団を包囲網から救出しようとした戦闘では、戦車は3月8日から終戦まで歩兵の支援に用いられた。

冬戦争を通じて第9軍は予備部品や修理、回収資材の深刻な不足に悩まされた。すべての必要物資を運搬するための道路は3本しかなく、しかも補給駅へと続くこれらの道路は常にフィンランド軍からの攻撃にさらされていた。

第9軍の修理設備はケミ駅に停まっていた修理列車1編成のみで、隷下大隊の応急修理車は工具も資材もほとんど持たなかった。戦車部隊は自分たちの回収資材はそもそも持ち合わせていなかった。第9軍の回収中隊はSTZ-5トラクターを保有していたが、力が弱かったため戦車の輸送には使用できなかった。回収作業にコムソモーレツ牽引車を使用する試みも、地面への噛み付きが弱くてうまくいかなかった。

　新品の装備の補充は実質的になかった――冬戦争の間に第9軍が手にしたのは10両のBA-10装甲車だけであった。行軍中の輸送縦隊を第541自動車輸送大隊によって警備するために、GAZ-AA装甲貨物自動車が造られた。その運転台とエンジンは厚さ3～7mmの鋼板で防護され、運転手の隣にはマクシム機関銃かデクチャリョフ歩兵機関銃が据えられた。この即席の装甲車は自動車縦隊の随伴時にその良さを発揮した。

　冬戦争での第9軍戦車部隊の人的損害は、戦死者115名、負傷者154名、凍傷罹患者61名、行方不明者92名であった。

表11．1939年11月30日～1940年3月13日のソ連第9軍戦車部隊の損害（単位：両）

戦車・装甲車の車種	砲撃	地雷	火災	水没	敵地に遺棄
T-26戦車	5	8	2	1	14
T-37・T-38戦車	7	18	―	2	16
T-20コムソモーレツ牽引車	2	11	1	―	7
BA-27装甲車	―	―	―	―	2
BA-20装甲車	―	―	2	―	1
BA-6装甲車	2	3	―	―	2
BA-3装甲車	―	―	―	―	2
D-8装甲車	―	―	―	―	3
SPK自走砲	―	―	―	―	2

104

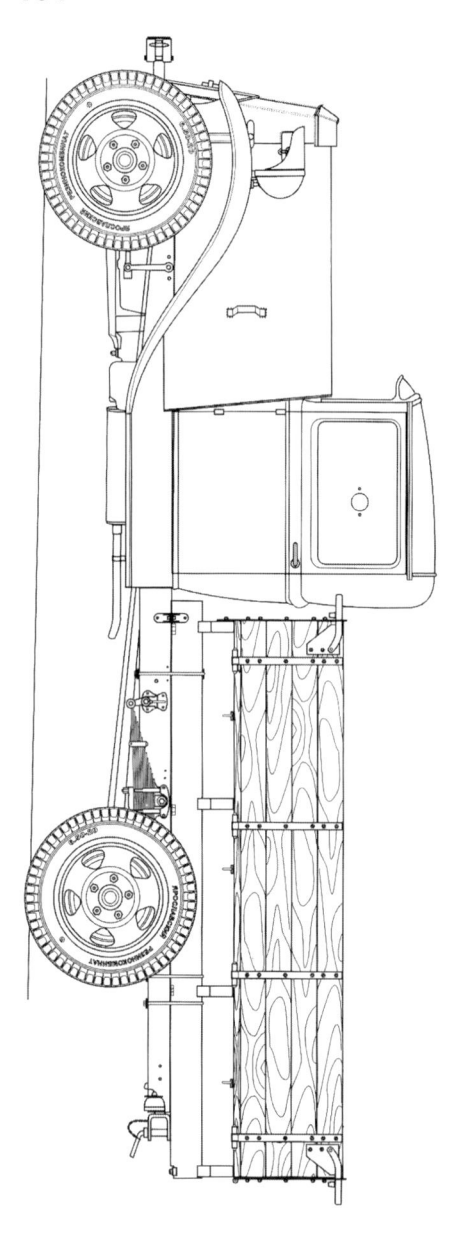

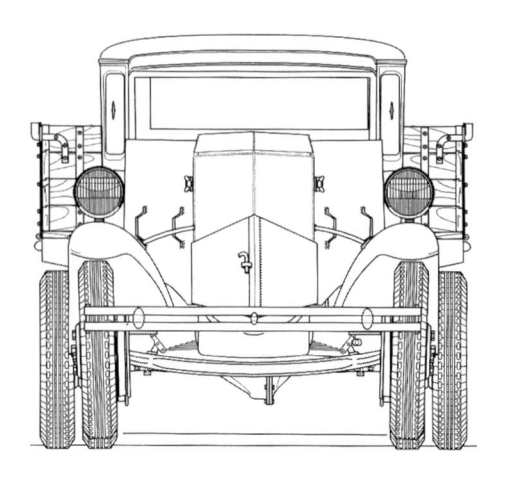

104：第541自動車大隊で造られた
半装甲トラックGAZ-AA。縮尺1/35。

第5部

ムルマンスク方面での戦闘
БОЕВЫЕ ДЕЙСТВИЯ НА МУРМАНСКОМ НАПРАВЛЕНИИ

軍事行動の推移
ОБЩИЙ ХОД ВОЕННЫХ ДЕЙСТВИЙ

　冬戦争が始まると、第52、第104狙撃兵師団を持つ第14軍（司令官はV・フロロフ軍団長）はペッツァモ地区を占領し、フィンランド軍の部隊と兵器がノルウェーのキルキネス港を通じて輸送されるのを阻止せねばならなかった。両師団の隷下部隊は特別の努力も払わずにルィバーチー半島とスレードニー半島、ペッツァモのリィナハマリ港、ロウスタリを押さえ、8日間の戦闘で150kmもの前進を果たした。これに対峙していたフィンランド軍のラップランド集団（指揮官はK・ヴァレニウス少将）は3個大隊程度の兵力だったので、狙撃兵師団2個の前進を止めることはもちろん無理であった。1939年12月18日にはヘユヘニャルヴィに到達したソ連軍部隊は自ら進撃を止めた。天候が信じられないほど酷かった。気温は零下50度を下回り、猛吹雪が吹き荒れていた。

　1940年3月6日、ソ連軍部隊の進撃が再開された。ナウツィが陥落すると、フィンランド軍部隊はさらに南に後退し、赤軍部隊は防御に移った。前線はここで終戦まで安定することとなった。

105：冬戦争当時のかなり珍しい写真だ――道路をパトロール中のT-27豆戦車。ソ連第14軍地帯、1940年3月。（ASKM）

戦車部隊の行動
ДЕЙСТВИЯ ТАНКОВЫХ ЧАСТЕЙ

　北極圏の自然環境は戦車部隊の行動にとっては非常に難しいものであった。大丸石に覆われた起伏の多い地形と岩の多い急斜面の山や丘、深い積雪など、すべてが戦車の行動の障害であった。

　フィンランド軍部隊は機動防御の行動をとった。南に後退しつつ、道路を破壊し、逆茂木を作り、地雷や爆発物を地中に敷設していった。

　ピトコヤルヴィ地区では木造の対戦車阻止柵や丸太壁、高さ1.5mの氷の傾斜壁が建築され、深さ1mの対戦車壕も掘られた。また、防御陣地最前線の前方にある湖では氷を爆破し、氷に囲まれた広い湖を造った。

　工兵施設は対戦車砲で掩護されていたが、フィンランド軍部隊は決定的な行動は避け、対戦車砲の射撃は短時間で終わるのが普通だった。ソ連第14軍の戦車部隊は歩兵部隊の強化、部隊本部や通信連絡網の警備、巡回警備、自動車縦隊への随伴、連絡任務などに用いられた。

　冬戦争が勃発した当時の第14軍には戦車大隊3個と偵察大隊1個があった。

　第34戦車旅団から到着した第86独立戦車大隊（BT-5快速戦車53両）の戦闘装備と兵員は、北極圏での行動に対する備えや訓練がなされていなかった。BT-5の覆帯には突起物がなく、氷層に覆われた上り、下りの坂を踏破するのは難しく、進路脇の溝に滑り落ちることもしばしばであった。このため第86独立戦車大隊は戦闘には参加せず、ロウスタリ飛行場の警備に携わった。

　第411独立戦車大隊（T-26戦車15両とT-38戦車15両）は白ロシア軍管区第4軍からムルマンスクに到着した。車両は酷く消耗していたが、乗員は良く訓練され、充分な操縦経験を持っていた。

　第349独立戦車大隊（T-26戦車12両、T-37およびT-38戦車19両）は開戦当時、レニングラード戦車学校教導連隊の車両で装備が整えられた。乗員の70％は予備役から招集された者たちで、訓練の程度は非常に低かった。

　第35独立偵察大隊（BA-3およびBA-10装甲車10両）は良く訓練された人材で編成され、彼らは1939年秋の西部白ロシアでの作戦で豊富な操縦経験を蓄えていた。

　このほか、狙撃兵部隊のなかにも19両のT-27豆戦車と35両のT-20コムソモーレツ牽引車があった。

　戦闘行動は非常に狭い前線地帯で展開され、戦場で直接使用できる戦車の数は2〜5両に制限されていた。主として2〜3両のT-26が狙撃兵中隊または大隊との連携行動に用いられた。

ここで最も活発に行動していたのは、第52狙撃兵師団に付与されていた第411戦車大隊の戦車である。
　第349独立戦車大隊は1939年12月13日にペッツァモに集結し、第104狙撃兵師団の指揮下に入り、そのなかで終戦まで行動した。
　第35および第62独立偵察大隊は冬戦争では第14軍参謀部と第52狙撃兵師団本部の警備、それと連絡任務に使用された。
　冬戦争を通じての戦車部隊の損害の内訳は次のとおりである――3両のT-26が砲撃で破壊され、2両のT-26は地雷で爆破され、また2両のT-26が水没し、1両のBT-5が火災で全焼した。人的損害は戦死者4名と負傷者5名であった。

第6部
ソ連の後方から前線へ
ТЫЛ - ФРОНТУ

　冬戦争の最初からレニングラードの企業は前線からの様々な注文を積極的にこなしていったが、それらの中にはこれまで製造されたことのないものが多く含まれいる。ここでは冬戦争の直前に開発されて実戦に使用された装甲兵器や、フィンランド戦線における戦車の戦闘運用の経験を汲んで考案されたものを見ておこう。

■SMK戦車とT-100戦車
ТАНКИ СМК И Т-100

　T-35五砲塔戦車に代わる兵器として1938年から設計されてきた双砲塔重戦車のSMK（キーロフ工場で開発）とT-100（キーロフ記念第185工場で開発）は1939年の秋に演習場でのテストに入った（訳注：SMKはロシアの革命家、セルゲイ・ミローノヴィチ・キーロフの頭文字に由来）。冬戦争が始まると、これらの戦車を前線の環境でテストすることが決定された。両方の戦車とも乗員を付けて12月10日に第20重戦車旅団へ引き渡された。12月19日のスンマ〜ホッティネン地区の戦闘でSMK戦車はフィンランド軍陣地に奥深く侵入したが、地雷を踏んで爆破され、乗員に遺棄された。T-100戦車は出撃陣地に戻り、応急修理のため工場に送り返された。1940年2月22日から3月13日にかけてT-100は再び第20、第1戦車旅団のなかで戦闘に参加した（SMK、T-100およびT-100Uの戦車とそれらの冬戦争における戦闘運用については、「フロントヴァヤ・イリュストラーツィヤ」シリーズ、2000年発行の『労農赤軍の多砲塔戦車T-35、SMK、T-100』（原書）に詳述）。

■KV戦車
ТАНКИ КВ

　この戦車の開発はキーロフ工場でSMK戦車の開発と並行して始まった。KV戦車は当初、「SMKに性能は類似」しているものの、単砲塔で装甲厚をより大きくした戦車として位置づけられていた。そのためKV戦車の砲塔には最初に口径76mmと45mm砲が連装されていた。1939年の9月にKV戦車は演習場でのテストに入った。冬戦争が勃発すると、SMK、T-100と一緒に前線に送り出された。その際、76mm砲はDTデクチャリョフ戦車機銃に換装されていた。12月19日、KV重戦車は赤軍の武装に制式採用された。それと同時にキー

106：前線に送り出される直前のKV-2戦車の初期型。レニングラード市キーロフ工場、1940年2月16日。(RGVA)

ロフ工場の設計局は、対永久トーチカ戦用の152mm曲射砲をKV戦車に搭載する装置を設計する課題を受領した。N・クーリンが率いる設計班は最短期間で、152mm曲射砲搭載の大型砲塔M-10を開発した。1940年2月17日に試作KVと、この時までに製造された量産型KVの第1号車がともに152mm曲射砲を載せて前線に出発した。冬戦争が終わるまでにさらに2両のKV戦車がカレリヤ地峡に向かった——2月22日（車体番号U-2、76mm砲搭載の試作KVの砲塔を持つ車両）、2月29日（車体番号U-3、152mm曲射砲搭載の車両）。これらの戦車はすべてT-100戦車と一緒に、コロトゥシキン大尉指揮下の独立重戦車中隊に統合された。この中隊は1940年2月28日から3月1日まで第20戦車旅団の中で、また3月1日から同13日までは第1戦車旅団の中で行動した。しかし、対トーチカ戦に152mm曲射砲搭載のKV重戦車は使用されなかった。

■戦車の増加装甲
ЭКРАНИРОВКА ТАНКОВ

緒戦ではソ連戦車の全車種がフィンランド軍の対戦車砲の前では脆弱であることが判明した。第174工場の主任設計士のS・ギンズブルグの提案で、厚さ40mmの装甲板を追加したT-26戦車の増加装甲型が製作、テストされた。テストの結果は良好で、12月31日には第174工場は27両のT-26戦車1939年型と27両のKhT-133化学戦

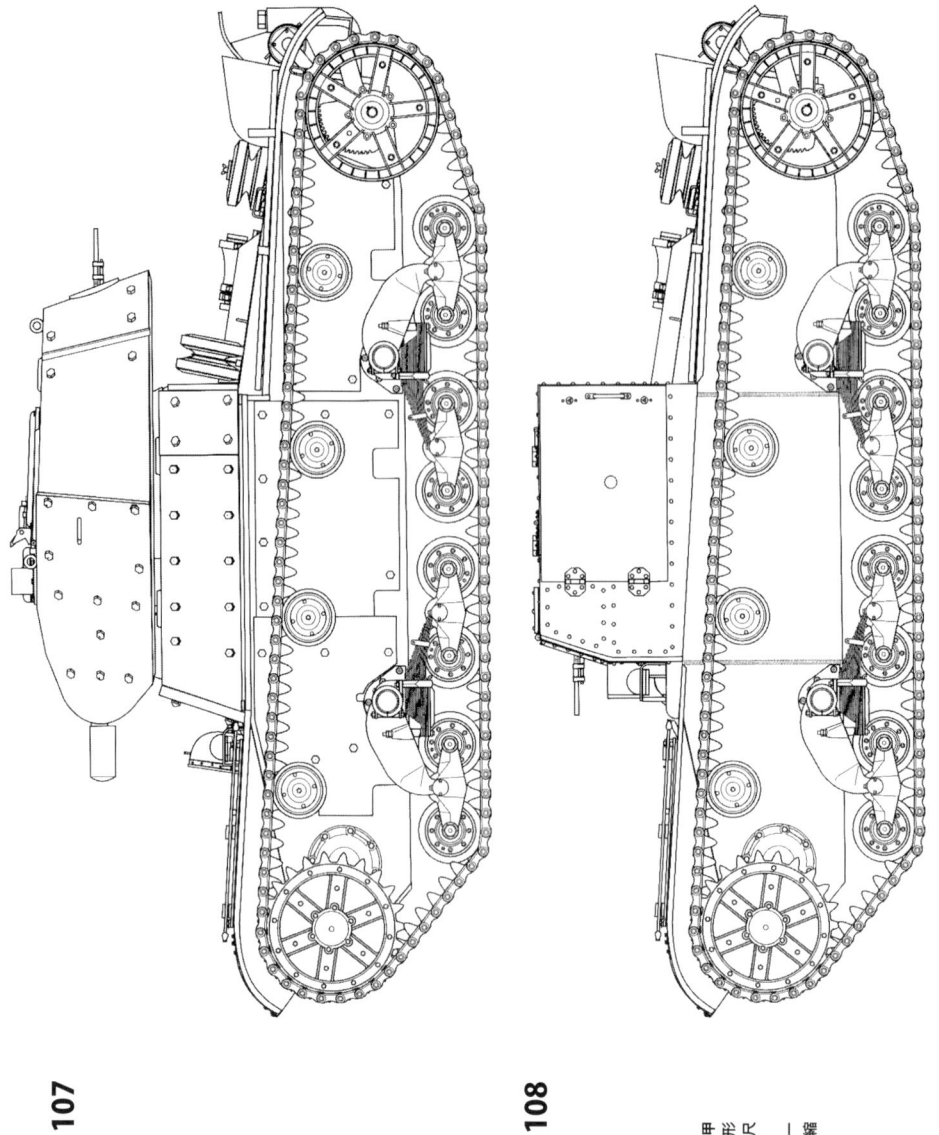

107

108

107:KhT-133化学戦車の増加装甲（T-26戦車1939年型も類似の形で増加装甲が装着された）。縮尺1/35。
108:AT-1戦車の装甲車体をベースにして製作された衛生戦車。縮尺1/35。

車に、またキーロフ工場は16両のT-28に増加装甲を施す課題を受け取った。しかしその遂行は長引き、これらの戦車が部隊に配備されたのは1940年2月中旬であった。これらの戦車が参加した最初の戦闘で、フィンランド軍の対戦車砲はこの増加装甲を貫通撃破できないことが明らかとなった。さらに3月の初頭、スオヤルヴィ市（ソ連第8軍支配地域）の作業場でヴォロシーロフ記念第174工場の労働者たちが15両のT-26戦車1939年型に装甲板を増設した。

■歩兵用装甲防盾
БРОНЕВЫЕ ЩИТКИ ДЛЯ ПЕХОТЫ

　1939年の12月、キーロフ工場とイジョーラ工場では戦場において歩兵を防護する装備、装甲防盾とソコロフ装甲橇の生産体制が整えられた。1939年12月と1940年1月には様々な設計のスキー付き装甲防盾が全部で55,191個とソコロフ装甲橇が250台製造された。装甲橇は銃砲火のもとで歩兵を運搬し、敵陣地に近づくとこれを牽引する戦車から切り離すことができるようになっていた。

　やがて「歩兵の個人保護装甲装備」の携帯性を高めるため、K・クジミンとL・スィチョフを長とするキーロフ工場設計班が移動式機関銃座（PPGまたは製品217）の設計案を作った。この車両は戦場における歩兵への支援を目的にした、装甲橇の発展型であった。これは2挺の機関銃で武装し、自動二輪車のエンジンを使って短い距離を移動することも可能だった。戦闘の最中は乗員（2名）は橇の中に伏せるようになっていた。戦場におけるPPGは戦車で牽引され、その後戦車から切り離されてから、歩兵を機関銃射撃で掩護できるように想定されていた。しかし最初の見本が出来上がったのは1940年の4月であった。冬戦争はすでに終結し、この装備も特殊な目的で作られていたため、これ以後作業は中止された。

■ローラー式地雷処理戦車
ТАНКОВЫЕ ПРОТИВОМИННЫЕ ТРАЛЫ

　冬戦争の開始とともに各種の工兵装備の需要が急上昇したが、その筆頭は地雷処理装置であった。レニングラードの工場（キーロフ工場、キーロフ記念第185工場、ヴォロシーロフ記念第174工場）はすでに1939年12月に最初の地雷処理装置の見本を作っている。やがてローラー式の地雷処理装置が開発、量産された（キーロフ工場で93個、ヴォロシーロフ記念第174工場で49個）。この装置は1940年の2月、3月に実働軍に支給された。爆発に対する耐久性は低かったが（最初の地雷の爆発でローラーが歪んだ）、この地雷処理装置は第20、第35戦車旅団と第8軍の戦車大隊でうまく使用された。

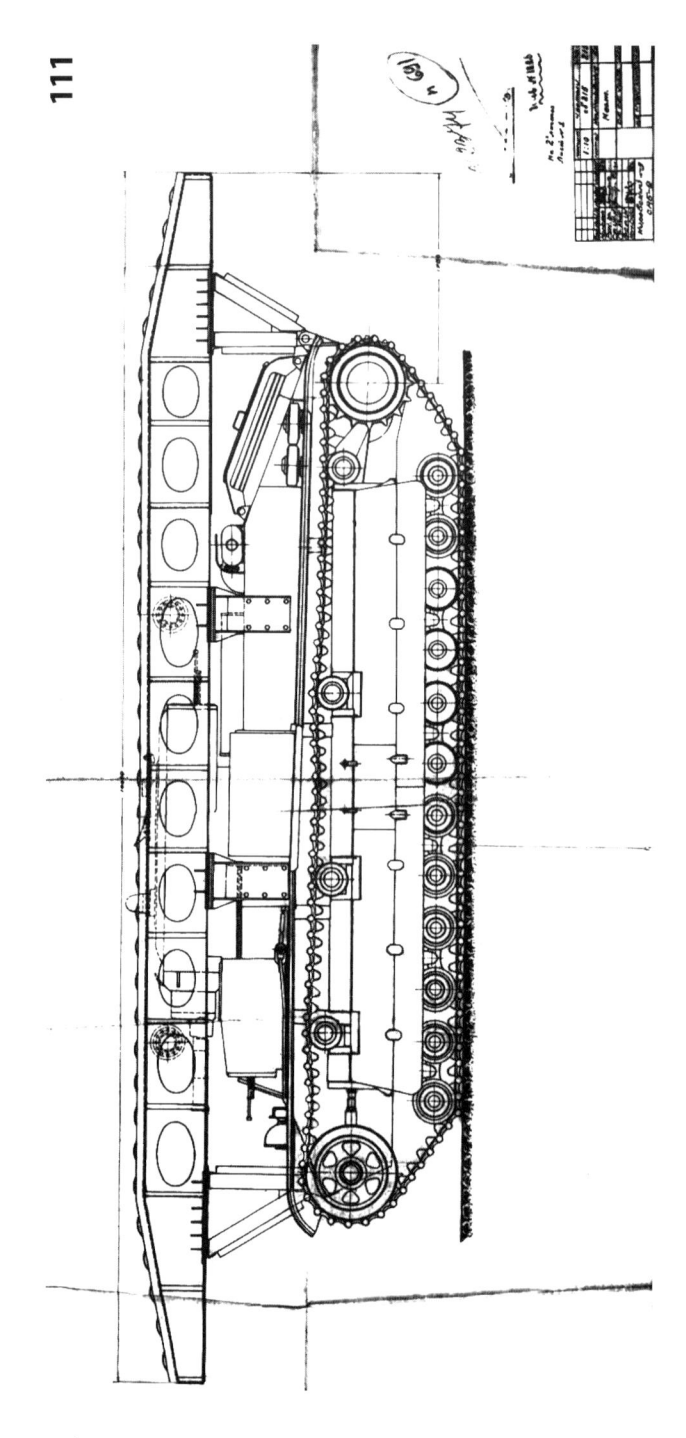

111：T-28戦車をベースにした対戦車濠対策用の鉄橋（工場設計図のコピー）。(ASKM)

112：戦闘訓練の様子──歩兵が乗ったソコロフ装甲橇を牽引するKhT-130化学戦車。戦車砲塔の左側には半球形の注入口掩蓋が見えるが、ここから火焔放射用液体の補給が行われていた。北西方面軍、1940年1月。（CAFM）

［著者］
マクシム・コロミーエツ

1968年モスクワ市生まれ。1994年にバウマン記念モスクワ高等技術学校(現バウマン記念国立モスクワ工科大学)を卒業後、ロシア中央軍事博物館に研究員として在籍。1997年からはロシアの人気戦車専門誌『タンコマーステル』の編集員も務めv、装甲兵器の発達、実戦記録に関する記事の執筆も担当。2000年には自ら出版社「ストラテーギヤKM」を起こし、第二次大戦時の独ソ装甲兵器を中心テーマとする『フロントヴァヤ・イリュストラーツィヤ』誌を定期刊行中。最近まで内外に閉ざされていたソ連側資料を駆使して、独ソ戦の実像に迫ろうとしている。著書、『バラトン湖の戦い』は小社から邦訳出版され、『アーマーモデリング』誌にも記事を寄稿、その他著書、記事多数。

［翻訳］
小松徳仁（こまつのりひと）

1966年福岡県生まれ。1991年九州大学法学部卒業後、製紙メーカーに勤務。学生時代から興味のあったロシアへの留学を志し、1994年に渡露。2000年にロシア科学アカデミー社会学・政治学研究所付属大学院を中退後、フリーランスのロシア語通訳・翻訳者として現在に至る。訳書には『バラトン湖の戦い』、『モスクワ上空の戦い』(いずれも小社刊)などがある。

［監修］
梅本 弘（うめもとひろし）

1958年、茨城県に生まれる。武蔵野美術大学卒業。オスプレイ社エースシリーズ「陸軍航空隊のエース」を翻訳した際に「加藤隼戦闘隊」飛行第64戦隊の新美市郎元少佐との知遇を得、さらに同戦隊の空中勤務者へのインタビューを重ね、2002年に「ビルマ航空戦上・下」(すべて、大日本絵画／刊)を執筆。その後2008年に「陸軍戦闘隊撃墜戦記1,2」など陸軍戦闘隊の戦記を書き続けている。近著に「オスプレイ軍用機シリーズ 47 B-29対日本陸軍戦闘機」「オスプレイ軍用機シリーズ 56 第二次大戦の隼のエース」がある。

独ソ戦車戦シリーズ 16

冬戦争の戦車戦

第一次ソ連・フィンランド戦争 1939-1940

発行日	2011年4月28日　初版第1刷
著者	マクシム・コロミーエツ
翻訳	小松徳仁
監修	梅本 弘
発行者	小川光二
発行所	株式会社 大日本絵画
	〒101-0054　東京都千代田区神田錦町1丁目7番地
	tel. 03-3294-7861（代表）　http://www.kaiga.co.jp
企画・編集	株式会社 アートボックス
	tel. 03-6820-7000　fax. 03-5281-8467
	http://www.modelkasten.com
装丁	八木八重子
DTP	小野寺徹
印刷・製本	大日本印刷株式会社
	ISBN978-4-499-23049-0 C0076

内容に関するお問い合わせ先：03(6820)7000　㈱アートボックス
販売に関するお問い合わせ先：03(3294)7861　㈱大日本絵画

ФРОНТОВАЯ
ИЛЛЮСТРАЦИЯ
FRONTLINE ILLUSTRATION

ТАНКИ
В ЗИМНЕЙ ВОЙНЕ
1939-1940

by Максим КОЛОМИЕЦ

©Стратегия КМ 2002、2007

Japanese edition published in 2011
Translated by Norihito KOMATSU
Publisher DAINIPPON KAIGA Co.,Ltd.
Kanda Nishikicho 1-7,Chiyoda-ku,Tokyo
101-0054 Japan
©2011 DAINIPPON KAIGA Co.,Ltd.
Norihito KOMATSU
Printed in Japan